现代社会人生价值理论的发展历程

许雅清 著

西北大学出版社
·西安·

图书在版编目（CIP）数据

现代社会人生价值理论的发展历程 / 许雅清著.
西安：西北大学出版社，2025.5. -- ISBN 978-7-5604-5691-1

Ⅰ．B821

中国国家版本馆CIP数据核字第2025N54V39号

现代社会人生价值理论的发展历程

XIANDAI SHEHUI RENSHENG JIAZHI LILUN DE FAZHAN LICHENG

许雅清　著

出版发行：	西北大学出版社
地　　址：	西安市太白北路229号
电　　话：	029-88302966
邮政编码：	710069
印　　刷：	西安日报社印务中心
开　　本：	787mm×1092mm　1/16
印　　张：	10
字　　数：	181千
版　　次：	2025年5月第1版
印　　次：	2025年5月第1次印刷
书　　号：	ISBN 978-7-5604-5691-1
定　　价：	56.00元

本版图书如有印装质量问题，请拨打电话029-88302966予以调换。

目 录

引 言 ··· /1
  一、背景介绍 ··· /2
  二、研究现状及研究方法 ······································· /8

第一章 人生价值的内涵 ·· /13
  一、价值的定义 ·· /13
  二、人生价值的内涵 ·· /22

第二章 现代社会人生价值理论发展历程 ··················· /38
  一、古代社会时期 ··· /38
  二、近代社会时期 ··· /52
  三、现代社会与人生价值 ······································ /57

第三章 现代社会人生价值理论的不同维度 ················ /66
  一、哲学维度 ··· /66
  二、社会学维度 ·· /94
  三、诠释学维度 ·· /107
  四、宗教学维度 ·· /113

第四章 现代社会人生价值的多维度解析 ··················· /122
  一、自我价值与社会价值的统一 ···························· /122

二、应有价值和实有价值的统一 ·················· / 125
　　三、自我超越是人生价值的主导力量 ················ / 127
第五章　现代社会发展的价值取向与路径选择 ············· / 132
　　一、现代社会发展的价值取向 ··················· / 132
　　二、人生价值与现代中国发展的路径选择 ············· / 139
后　　　记 ····························· / 146
参考书目 ······························ / 148

引　言

　　在人类社会漫长的发展历程中,人生价值理论始终占据核心地位,其内涵随着时代的演进而不断丰富和深化。人生价值研究对于重塑当代国人的价值观念,特别是推动社会主义现代化发展具有重要的现实意义。作为承载着数千年辉煌文明与传统抱负的当代中国,面临着传统与现代性问题的累积,如何引导国人的价值观念、确立适当的人生价值观,成为一项理论挑战。具体而言,当代价值重构需直面三重理论挑战:其一,在传统伦理与现代权利的张力场域中,如何构建既承续文明血脉又彰显主体尊严的价值坐标?其二,在解构威权规训文化的同时,如何避免个体在价值祛魅过程中堕入虚无主义深渊?其三,在物质丰裕的消费社会语境下,如何抵御商品拜物教对生命本质的异化,重建超越功利的精神家园?这些问题构成了价值哲学研究的前沿阵地,亟待理论界提供兼具历史纵深与现实穿透力的解答。

　　从古典哲学的沉思到现代社会的多元探索,人生价值理论不仅反映了人类对自我认知的深化,也体现了社会进步和文明发展的历程。在传统农业社会,由于生产力的限制和社会结构的相对简单,人生价值理论主要围绕土地、家族和宗教等核心要素展开。普遍认为,人生的价值在于维护家族荣誉和传承,以及遵循宗教教义和道德规范。这种价值观在当时的社会背景下具有其合理性和必然性,有助于构建稳定的社会秩序和维持广泛的文化认同。然而,随着工业革命的兴起和科技的迅猛发展,人类社会迈入近代工业社会。在这一时期,个人自由、财富和享乐逐渐成为人们追求的目标。人生价值理论开始从传统的宗教和道德束缚中解脱出来,更多地关注个体的独特性和差异性。人们开始思考如何通过个人的努力和奋斗实现自我价值,以及如何在复杂多变的社会环境中找到自己的定位和方向。进入信息社会后,随着全球化的加速和互联网的普及,人类社会变得更加多元和开放。人生价值理论也呈现出更加多样化和复杂化的特点。人们开始注重自我实现、社会公正和环境保护等现代价值观念,同时也面临着贫富差距、道德危机等新的挑战和问题。这些新的挑战和问题促使人们重新审视和思考自己的人生价值理论,寻求更加符合时代要求的价值取向和人生目标。

在当代社会,人们追求的是通过探究世界内在规律、价值体系与成就来获得内心的"确定性",试图以此消除与之相伴相生的"虚无主义",而对事物在宇宙秩序层面的正义与否则不予关注。人生价值理论的演进在现代不仅受到科技革新和全球一体化的影响,还受到文化多元性、个体化趋势等多重因素的综合作用。在人生价值论这一宏大的哲学场域中,本书无意建构具有终极真理性的理论体系,受制于研究参数与文本容量的现实约束,笔者将理论探索严格限定在初论范畴,即面向当代哲学的人学转向与生命价值范式转型,在中国哲学社会科学自主知识体系框架内,开展具有范式梳理性质的元理论研究。具体而言,本书遵循"历史谱系—存在论析—现实观照"的三重阐释进路:首先,系统考察人生价值论在中国思想传统中的生成逻辑与演进轨迹,揭示其概念谱系的嬗变机理;其次,聚焦"人—存在—人生价值"三位一体的本体论结构,解析人生价值的实践生成机制;最后,基于存在论维度透视当代社会转型期的异化现象,诊断其深层的发生学根源。本书的学术价值在于,它超越了工具理性主导的价值认知模式,尝试在生命哲学与存在主义的对话语境中,建构具有中国文化主体性的价值分析框架。其现实关切则指向对技术理性宰制下生命意义流失的批判性反思,力图通过价值论域的范式革新,为现代人突破生存困境提供哲学明辨,彰显对个体生命尊严的价值承诺。

因此,研究现代社会人生价值理论的发展轨迹,不仅有助于我们更深刻地理解人类社会的演变与进步,也有助于我们更有效地应对现代社会面临的各种挑战与问题。通过对现代社会人生价值理论的演变规律和特征的深入分析,我们可以为构建更加和谐、公正、可持续的社会提供理论支撑和价值导向。

一、背景介绍

对人生价值的追问,本质上是人类在存在论层面的自我确证。这种贯穿文明始终的价值反思,不仅型塑着不同历史语境下的生存样态,更构成了文明演进的内驱力。当近代科学革命将认知理性推向神坛,价值理性却在工具理性的阴影中陷入失语,这种认知与价值的分裂,最终演变为现代性困境的重要表征。在全球化3.0时代,价值秩序的解组危机以更复杂的形态呈现:虚拟空间的价值解构与现实世界的意义真空相互强化,消费主义的价值编码与存在主义的焦虑体验共生。当代中国在压缩式现代化进程中,既承受着传统伦理解构的阵痛,又面临着西方价值范式的冲击,这种双重挤压下的价值迷茫,本质上是文明转型期的存在论困惑。社会主义核心价值体系的提出,为价值秩序的重建提供了本体论支点。在此框架下重审生命本质,不仅意味着对工具理性僭越的校正,更指向一种新文明形态的建构可能。当我们将人生价值研究置于文明史维度,便不难发现:对生命意义的哲学追问,既是个体安身立命的根基,更是文明存续的精神命脉。这种研究范式超越工具理性的局限,在存在论层面为人类文明发展提供价值导航。

(一)人生价值理论在现代社会中的目标:培养和践行现代社会的价值共识

在浩瀚的人类思想史长河中,人生价值理论如同一颗璀璨的星辰,引领着人类探索自我、理解生活、追求意义的脚步。随着社会的不断进步和科技的飞速发展,现代社会呈现出前所未有的开放性和多样性,这既为个体提供了广阔的舞台去实现自我价值,也带来了价值观冲突、道德困境等复杂问题。因此,深入探究现代社会人生价值理论的发展历程,不仅是为了回顾历史、总结经验,更是为了在新时代背景下,为个体提供价值导向,为社会和谐与进步提供理论支撑。从古代哲学家的沉思,到现代心理学家、社会学家的实证研究,人生价值理论的发展历程是人类文明进步的缩影,反映了人类对于"何谓善""何谓美""何谓幸福"等根本性问题的持续探索。

人生价值作为生命实践的本质凝结,是个体通过对象化社会实践活动,在物质创造与精神生产双重维度上实现的社会性存在意义总和。其内涵不仅涵盖生命尊严的维护、自由权利的彰显等本体性诉求,更本质地体现为个体价值世界在历时性社会互动中的建构过程。这一过程实质是文明积淀的价值范式通过代际传递,将个体从生物性存在的偶然性中提升为承载历史文化的主体性存在,从而实现精神结构的整体生成与超越。在现代社会里,一方面,价值观选择越来越成为个人私人领域的良知决断,每个人都可以根据自己的生活境遇来选择和确定自己的人生价值；另一方面，由于个人与社会的对立，以及生活统一性的失去，价值多样化以及价值领域的冲突，是现代价值世界的基本事实。这使得寻求某种普遍和统一的价值共识的努力变得极为困难。一系列问题接踵而至，在价值多元分化、价值冲突的情况下，寻求某种程度和范围的价值共识如何可能？价值共识，作为对某一确定范围内"可公度"的某种普遍化和共享的价值观，何以可能？

1.价值共识源自个人存在的内在需要

在多元主义的现实面前，形成价值共识遭遇了严峻的挑战，这些挑战主要来自价值的多样性以及个体价值主张的突出性所带来的限制。人们在人生价值、生活方式上的不同以及个人本质上的差异，构成了无法人为改变的现实。这些因素在塑造人们各自独特的存在状态、社会关系和行为模式的同时，也对人们达成价值共识的可能性施加了限制。个体价值的实现始终是价值实践的原初承诺，但人之存在从未脱离历史时空的经纬，在存在论的深层结构中，个体生命始终镶嵌于社会关系网络，这种嵌入性决定了人的存在具有双重面相：既是个体自由的实践主体，又是社会关系的存在节点。每个"我"的意图达成，都以成为"他者"目的实现的工具为前提；而"他者"的工具性存在，又反过来确证"我"的主体性价值。这种相互性关系揭示了个体存在的悖论性本质：主体价值的实现永远依赖于客体身份的承担，而客体身份的超越又始终以主体价值的彰显为旨归。在主体间性的镜像结构中，价值共识的生成获得存在论依据。亚当·斯密的"价值镜像"理论深刻揭示：当"我"在"他者"的镜像中观照自身时，价值判断便突破私人性界限，在主体间互动中形成共享的意义场域。这种价值互渗过程，本质上是存在焦虑的化解机制——个体通过参与价值共构，在"我们"的叙事中获得身份确认和意义支撑。其理论进一步阐明：自我认同的危机源于价值坐标的缺失。个体需要在历史积淀的价值传统中定位自身，在集体叙事框架内建构价值坐标。这种框架并非外在强制，而是个体实现自我超越的必要中介。正如海德格尔所言："此在的存在是共在，共在是此在的存在方式。"价值共识作为共在的存在论条件，为个体提供价值抉择的参照系，使自我认同的建构成为可能。

2.现代社会下共同体成员之间对于人生价值的共识显得尤为关键

现代性以其解放叙事的双重面相，既解构了传统价值秩序，又重构了主体认知框架。当个人自由、权利平等与工具理性成为新的生存坐标时，价值选择呈现出前所未有的私人化特征。这种自由落体式的价值多元，在消解权威主义桎梏的同时,也瓦解了社会整合的意义根基。当价值相对主义消解了公共价值坐标,社会成员在"诸神之争"中陷入意义迷失,共同体存续的精神纽带面临断裂危机。"社会分裂的真正原因在于社会成员愈来愈难以对其所生存的政治社会形成认同。"[①]面对现代社会的价值碎片化,不同理论流派提供了多维度的整合方案:新自由主义强调程序正义作为价值共识的底线伦理,"尽管一个有良好秩序的社会可能具有各种分歧,且是多元化的……但公众对政治与社会公众问题的一致看法与核心理念仍是维持公民友谊的纽带,是确保联合的黏合剂",罗尔斯的"重叠共识"理论试图在多元分歧中建构公共理性平台,将正义原则确立为社会统合的黏合剂;社群主义揭示价值共享的文化根基,德沃金的"解释性共同体"概念指出,共享的历史记忆与价值传统是维系社会凝聚力的无形契约;多元文化教育理论则强调核心价值的社会建构功能,班克斯主张通过"至高无上的价值"培育公民的共同想象,在差异中铸造社会认同的基石。这些理论看似分野,实则共享着相同的价值平衡逻辑:在个体权利与社会团结的张力场中,既守护自由选择的道德空间,又建构制度化的价值共识框架。这种平衡术要求现代国家扮演双重角色:既是个人自由的守护者,通过建立宪政秩序划定权利边界;又是公共价值的培育者,通过制度设计引导价值共识的形成。在风险社会语境下,价值共识的建构更具迫切性。生态危机、文化冲突、治理困境等全球性问题,要求超越个体主义的狭隘视角,在共享价值基础上重塑集体行动能力。这种共识不是强制性的价值灌输,而是通过公共理性的对话机制,在多元价值图谱中寻找最大公约数,构建既能包容差异又能凝聚共识的价值坐标系。

3.人类社会享有相同或相似的价值观

在文明演进的长河中,价值共识如同流淌在人类精神血脉中的文化基因,构成了跨越时空的意义编码。这种深植于人性深处的价值共鸣,既体现为查尔斯·泰勒揭示的"轴心式价值传统"——对生命意义的终极追问、对他人存在的伦理关切、对自我尊严的执着守护,也具象化为联合国教科文组织框定的四大价值维度:从人际伦理到国家认同,从认知理性到世界公民意识,构成价值共识的立体坐标系。这种共识性价值绝非简单的观念集合,而是文明存续的深层密码。它执行着三重社会功能:在秩序层面,价值共识是无形的社会契约,为多元主体

---

① [加]查尔斯·泰勒著,林曼红译:《现代社会想象》,第19页。

提供行为预期;在整合层面,它如同文化水泥,将个体黏合成具有历史连续性的道德共同体;在认同层面,共享价值观成为超越工具理性的精神锚点,使个体在意义荒原中获得归属感。正如社会学家所言:"正是社会成员所共享的基本价值观构成了现代社会价值认同的基础。"价值共识的效力,在于它使个体既服从制度框架,又认同历史传统,在双重维度上实现社会整合,但价值共识的效力绝非来自简单枚举。真正的文明认同需要完成从"价值共存"到"价值共生"的跃迁:当个体不仅认知共同原则,更在情感层面产生历史归属感;当价值实践不仅遵循制度规范,更成为自觉的精神追求,价值共识便获得了自我更新的生命力。这种认同机制,本质上是文明基因在当代语境下的创造性转化,是价值传统与现代性的深层对话。

(二)研究目的和意义

回顾历史长河,社会各领域在促进人类生命质量与延续性的目标驱动下,取得了显著的进展。科技的迅猛发展和文明的持续进步,为人类社会带来了前所未有的变革。然而,令人始料未及的是,在这些辉煌成就的背后,人类的存在状态却遭遇了前所未有的困境。人类不仅未能完全掌握自身创造的物质与工具,反而在一定程度上被其所束缚,生命逐渐被物质化和工具化,导致人生意义的荒漠化和对价值体系的质疑。在物质极大丰富的当下,人类精神家园的失落使得生命的意义变得模糊,人们在丰富的物质生活面前,却陷入了对生存目的的迷茫。与此同时,现代化进程加速了社会的转型,旧有价值观尚未完全退场,新的价值观便已崭露头角;在全球化背景下,不同社会价值观的碰撞与融合,使得社会价值体系呈现多元化态势,各种价值观并存,难以形成共识。在人类生命价值的探讨上,不同观点的对立与融合同样显著,物质价值与精神、社会价值的争论,个人主义与集体主义的冲突,均反映了人类理性选择的困境。市场经济中物质主义和拜金主义的泛滥,以及教育体系的僵化,加剧了现代社会人类生命的焦虑与不安,并导致安全感和归属感的丧失。因此,越来越多的人开始反思生命存在的意义与价值,这不仅是对现实的反映,也是人类本质力量在自我意识中的觉醒。

在人类文明史上,对人生价值的哲学思辨始终如群星般璀璨,历代智者以不同的话语体系诠释着存在的意义图谱,这些思想遗产为后世构筑起理解生命的阶梯。然而,当历史的指针指向现代性语境,价值追问却呈现出与认知发展不同步的滞后性——在知识生产高度分化的今天,对人生价值的元理论研究仍游离于学术场域的边缘。当前学科范式下的价值研究,呈现出鲜明的工具理性特征:教育学侧重价值传递的技术路径,经济学强调价值量化的评估模型,心理学关注价值认知的心理机制。这些研究尽管拓展了价值问题的分析维度,却共享着未经反思的理论预设,即默认"价值存在"的自明性前提。这种预设性承诺,实质上回避了更具本源性的哲学诘问:人生价值存在的本体论根基何在?人生价值本质的生成机制为何?价值判断的普遍标准怎样确立?

缺失元理论支撑的人生价值研究,如同在沙地上建造理论大厦。当人们将目光投射向生命实践场域,这种理论缺憾的症候愈加明显:在价值相对主义盛行的后现代社会,道德虚无主义的幽灵游荡在意义废墟之上;在科技理性宰制的工具时代,人生的价值焦虑成为现代人的精神痼疾。这深刻揭示出,未经理性奠基的价值认知,既无法为生命实践提供稳固的意义支撑,也难以应对文明转型期的价值危机。面对文明转型的阵痛,重构人生价值的理论根基已成为当务之急。首先,需对"人生价值"概念进行存在论祛魅,厘清其作为主体性确证的本质规定;其次,展开价值存在的前提性批判,揭示科技理性僭越与价值虚无的共生机制;再次,在马克思主义实践哲学的框架内,发掘价值创造的现实条件与实现路径;最后,构建既具文化包容性又持守价值底线的多维评价体系,为生命意义的当代重构提供理论支撑。

自古以来,人类始终不懈地探索生命的奥秘,寻求生命的支撑点,并追问人生存在的终极意义。尽管历史上众多哲学家和思想家对生命提出了各自的理解,但现代社会中频繁发生的生命消逝现象一再警示我们:人生价值的问题依然是人类面临的终极难题之一。因此,在前人理论成果的基础上,深入探讨现代社会的人生价值理论,引导当代人对生命的正确理解,并在现实层面指导人们实现人生价值,无疑具有深远的理论和现实意义。

首先,从理论层面而言,人生价值相关理论的研究是对马克思主义人学思想的深化与拓展。当前,学术界已从多个层面和维度对马克思主义人学思想进行了深入剖析,构建了完备的体系框架,尤其对人的价值问题给予了广泛关注。然而,现有研究大多侧重于人的价值领域,且马克思主义经典著作中直接涉及人生价值的论述相对较少,导致对马克思主义人生价值的研究尚显不足。因此,本书旨在通过深化人生价值思想,丰富马克思主义人学思想的内涵。

其次,人生价值理论的研究有助于拓宽当前生命价值研究的视角,丰富研究成果。从现有文献资料来看,学术界对人生价值的关注主要集中于人学、生命哲学的范畴,研究者普遍预设了生命价值的存在,并在此前提下展开相关教育理论。然而,笔者认为,解答人生是否存在价值、存在何种价值、人生价值的实现及其评价等问题,是进行人生教育的理论基础。生命教育者需首先回答这些问题,进而指导生命教育的实践。因此,本书将从哲学视角拓宽研究视野,丰富研究成果。

最后,本书的研究为人生价值教育的实践提供了理论依据。当前人生价值教育研究存在对"人生"本体关注不足的问题,本研究主张对人生及其价值的系统认知是生命教育实践的基础前提。基于这一逻辑起点,人生价值研究具有方法论层面的原初价值,可为我国生命教育实践提供学理支撑。在实践维度上,本研究通过系统爬梳人生价值思想发展脉络,结合当代社会心理特征分析现实人生困惑的成因机制,为公众理解生存困境与生命本质提供认知框架。通过历时性梳理与共时性比较相结合的研究路径,立足特定历史语境阐释人类生存困境的深层根源,其宗旨在于构建个体对生存境遇、生命意义及存在价值的认知图式,进而培育理性的生命态度。针对个体层面,本研究致力于为破解生命困惑提供认知工具,通过深化自我觉知促进生命自觉的生成。面对社会转型期价值多元化与生存环境复杂化的现实挑战,如何确立合理的人生价值准则以指导生命实践、建立生命评价标准并实现生命潜能的充分发展,已成为亟待解决的现实课题。本研究尝试在实践层面为个体提供认知支持,帮助其在价值选择中形成理性判断,通过提升生命认知水平实现生命自觉的实践转化。

二、研究现状及研究方法

(一)研究现状

中华文明对人生价值的探索,构成了世界上最绵长的价值哲学传统之一。自先秦诸子发轫,经儒释道的融合创新,至近现代的转型重构,中国文化体系始终将人生价值置于思想建构的核心场域。这种持续数千年的价值追问,形成了独特的思想史脉络:儒家在伦理秩序中确立价值坐标,道家在宇宙韵律中追寻人生真谛,佛家以缘起性空解构存在迷思,共同编织成东方价值哲学的复调交响。当代学术场域中,关于人生价值的研究成果多依附于哲学、经济学、教育学等学科范式,形成跨学科研究的碎片化格局,专著系统性缺失与博士论文的稀缺,折射出该领域尚未完成学术共同体的整合,理论建构仍待突破学科壁垒。这种研究现状既昭示着创新空间,也凸显了构建专门化研究范式的迫切性。

本研究拟从哲学维度切入,在思想史纵深中重构价值诠释框架。这要求我们在三个向度展开对话:纵向梳理传统价值哲学的演进逻辑,横向比较中西价值范式的对话可能,当代语境下价值秩序的重建路径。这种三位一体的研究策略,旨在突破既有研究的学科藩篱,在哲学高度实现价值认知的范式转换。

1. 生命哲学对人生价值理论的研究

当我们将生命置于存在论的聚光灯下时,国内学者的探索呈现出多维理论图景。张曙光教授从生存论根基切入,揭示现代人价值虚无的深层诱因——理性宰制下的意义解构,他提出人的基本规定性和最高价值就是人的自觉自为的生命,并从哲学层面探讨了人生存在价值的哲学依据。他还着重分析了现代人生无意义的现状及导致这一现状的原因,包括整个社会的理性化、世俗化取向、个人主义倾向、人的自由度扩大、生活意义相对化等。他强调生命意义的立体建构需超越占有性生存,重构肉体与精神的辩证关系。欧阳康教授则运用过程哲学范式,将生命困惑分解为体验性、规范性、创造性、社会化和反思性五大冲突场域,构建现象学与伦理学交融的分析框架。① 在价值本体的追问中,甘绍平教授以生命独特性为支点,批判传统伦理范式对生命价值的遮蔽,确立不伤害、自主、行善三大伦理原则,为生命价值辩护提供规范根基。

路日亮教授通过存在价值与延续价值的二元划分,建构自然价值与社会价值的双重维度,揭示生命价值的多维实现路径,并呼吁建立政治、经济、文化、教育协同支持的价值实现体系。

崔新建在绝对性与相对性的辩证中拓展价值认知,指出牺牲作为价值升华的特殊形态,需通过贡献与享受、动机与效果的复合评估获得伦理辩护。唐英基于马克思实践哲学,将生命价值锚定于主客体关系的实践建构,区分价值存在与

---

① 欧阳康:《生命教育应当直面生存困惑》,《广东社会科学》2011年第1期。

价值意识的辩证关系,揭示生命价值观的系统性特征。张进峰与曾永成则分别批判个体主义与群体主义的还原论倾向,主张在主体间性中重构生命观,追求感性与理性的实践统一。曾永成通过对西方生命哲学思潮误区的分析,论证了马克思实践唯物主义人学生命观对生命的解读,认为生命是自然性与社会性的结合与交融,是对象性与主体性的结合与交融,是自觉性与自发性的结合与交融,是表现性与体验性的结合与交融,是构成性与生成性的结合与交融,在此基础上,人类应该追求感性与理性和谐统一的生命境界。

综上所述,现阶段既有研究在生命本源、价值困惑、伦理重构等维度取得突破,但理论图景仍存留白:生命价值与人学价值的内在关联尚未阐明,价值困惑的现代性生成机制有待深挖,传统价值资源的创造性转化亟待推进。这些理论空白构成了本研究的突破方向,要求我们在中西对话中重构价值哲学范式,在科技革命背景下重审生命意义,在文明互鉴中探索价值共识新路径。

2.人学对人生价值理论的研究

在哲学殿堂中,人生价值研究尚未形成完整的知识图景。尽管对人的价值探究本质上蕴含着对生命意义的终极关怀,但既有研究多呈现为碎片化思考,系统性建构仍显不足。这种理论缺失促使我们重返哲学史长河,梳理价值哲学的多重面相,在思想交锋中重构人生价值的知识谱系。

当代学者从不同维度解构价值本质,构筑起多元阐释框架。从本体论维度讲,李连科在《价值哲学引论》中确立"主体需要-客体属性"的二元分析模式,将价值实现视为历史性的实践进程,强调个体创造与享用的辩证关系;王玉樑则进一步细分价值形态,揭示潜在价值向现实价值的转化机制,阐释集体与个体价值的共生逻辑。从关系论维度讲,陈正夫提出"主客体效应说",将价值本质界定为客体主体化的意义生成;马润清等学者梳理价值思想史,揭示价值范畴的演变轨迹,凸显人的价值的主体性特征。从属性论维度讲,朱奎保从社会历史语境解构价值本质,强调人的价值的社会属性与历史规定性。李德顺在《新价值论》中提出"最高主客体统一"命题,颠覆传统主客二分思维,确立人在价值体系中的绝对地位。从实践论维度讲,陶福源辨析价值主体的间接性,揭示人作为价值客体的特殊规定性;袁贵仁则聚焦价值实现路径,强调社会实践在价值生成中的决定性作用。

综合上述理论交锋,五种核心范式渐次清晰,分别是:"意义说"强调客体对主体需求的满足程度,构建需求—满足的价值评价模型;"关系说"以主客体互动为逻辑起点,在对象性关系中确证价值本质;"属性说"凸显人的价值的超越性特征,划清人与物的价值界限;"效应说"聚焦价值客体对主体的影响效能,构建发展性价值评价标准;"实体说"将价值实体化为人本身,在历史实践中确证价值的终极意义。

这些理论范式既展现了价值哲学的思想张力,也暴露了研究分歧的深层根源。学者们在价值本质、主体定位、实现路径等根本问题上的理论分野,实质上源于不同的哲学预设与价值取向。这种理论多样性,既为深化研究提供思想资源,也呼唤着更具整合力的理论框架的建构。

(二)研究方法

1.历史和逻辑相结合的方法

遵循马克思历史辩证法的理论要义,本书将历史发生学与逻辑自洽性熔铸为方法论基石。这一原则要求我们以双重维度解构价值现象:在历时性向度,追溯价值虚无问题的文明史根源,运用价值谱系学方法,勾勒出人生价值理论从古典到现代的生成演变轨迹;在共时性向度,运用逻辑分析范式,解析价值范畴的本质规定性,构建具有解释力的理论框架。具体研究进路体现为三重知识考古:其一,对价值虚无现象进行病理学诊断,在文明史坐标系中定位其生成机制;其二,对人生价值理论展开基因谱系分析,揭示不同范式间的内在关联与范式转换逻辑;其三,对当代价值困境进行症状学解读,在数智时代的精神症候群中辨识价值重构的实践坐标。

2.本体论与价值论相结合的方法

历史唯物主义秉持的观点是,社会的发展进程与自然界的发展进程相类似,均遵循着某些客观存在的、不受人的主观意志所影响的规律性,是"一种自然史的过程"①,但同时也存在与自然界的不同之处,那就是社会发展的规律是通过人的有意识的活动实现的。探究人生价值理论,必须穿透"价值是什么"的认知表层,深入"价值为何存在"的本体论深层。人生价值并非悬置于历史进程之外的抽象概念,而是社会存在与主体实践交互作用的价值凝结。这就要求我们在

---

① 《马克思恩格斯选集》(第2卷),人民出版社,1995年,第102页。

研究中实现本体论与价值论的深度融合:既要从社会结构的客观规律中探寻价值生成的物质基础,又要从主体的实践能动性中揭示价值实现的精神动力。这种融合性研究范式,突破了传统哲学非此即彼的二元对立。它昭示着:人的价值世界既不是纯粹主观的臆造,也不是机械被动的产物,而是在历史规律与价值创造的张力场中不断生成的动态过程。这种过程性的理解,为当代人生价值研究开辟了实践哲学的新视域。

3.思想史与社会史相结合的方法

人生价值理论绝非书斋中的概念游戏,而是深嵌于社会存在的实践哲学。其理论生命力源于历史语境的滋养、文化基因的浸润以及个体生命体验的沉淀,这种复杂性决定了研究范式的革新需求。在社会史的深耕中,本书践行"历史人类学"的研究路径:通过口述史采集、档案爬梳等多维度方法,建构起覆盖古今中外的价值实践数据库。这些鲜活的经验材料,既包含传统社会的人生仪轨记录,也囊括现代社会的价值选择样本,为理论建构提供扎实的经验根基。思想史的梳理则采用"概念考古"策略,追溯价值范畴的语义流变,揭示不同思想传统对人生价值的诠释逻辑。此方法不仅为理解当代价值困境提供了新的视角,而且为文明转型期的价值重建提供了理论蓝图,在思想史的智慧与社会实践需求的对话中,重塑了当代人生价值的叙事。

4.文献研读法

文献研读法是一种从广泛来源的文献中(涵盖报纸、刊物、图书、文件、档案、报表、报告及音像资料等多种类型)搜集研究者所需资料的方法。在东西方思想史的发展过程中,价值虚无主义拥有深远的历史背景,故而需追溯其根源,借助历史上关于人生价值的文献资料,探究当时的社会状况,并理解过去与当下之间的内在联系。此外,还需搜集当前反映社会生活各个层面人生价值问题的文字资料,深入研究人生价值理论在当代的表现形态、成因及其规律,以期对现代社会中的价值虚无现象提供科学的阐释与说明。

第一章　人生价值的内涵

一、价值的定义

人生价值属于价值的范畴，对于价值的概念和特征的研究有助于我们进一步研究人生价值。在此，我们所谈的"价值"不是经济学意义上的"价值"，而是从哲学的角度对"价值"进行的解释。

(一) 价值的构成要素

"价值"概念的词源谱系深刻映照着人类认知的演进轨迹，其拉丁词根"valere"作为动词，原初含义为"具备强健力量"，后随语义嬗变衍生出"产生效用"的引申义。这种从力量本原到功能属性的语义迁移，在印欧语系的演化中清晰可见：英语"value"承袭了"有用性"的核心内涵，法语"valeur"更拓展出"珍贵性"的价值维度。值得注意的是，汉语"价值"作为后起合成词，其构词理据彰显着独特的人类学意蕴——"价"与"值"均以"人"为偏旁构件，这种视觉符号的重复出现，实则是造字时代对价值本质的具象化表达；它昭示着价值概念自诞生之日起，便与人类主体的需求满足、效用评判和关系建构存在着本质关联。

价值概念的演进深刻反映了人类认知范式的转型。其理论原点可追溯至古典政治经济学，马克思在历史语境中揭示了这一概念的生成逻辑："价值这个经济学概念在古代人那里没有出现过。价值概念完全属于现代经济学，因为它是资本本身和以资本为基础生产的最抽象的表现。价值概念泄露了资本的秘密。"这种洞见撕开了商品世界的物化表象，使价值研究从表象描述转向本质解剖。亚当·斯密虽已在《国富论》中提出"交换价值"概念，但真正确立价值二元区分的却是马克思的革命性阐释——使用价值作为物质存在的自然属性，与凝结抽象劳动的价值形成社会属性的辩证统一。"价值一开始就应该从商品的社会属性与这一属性所蕴含的人与人之间的关系出发去加以理解。"正如商品二重性理论所揭示的,小麦能充饥的使用价值源自其生物属性,而价值则诞生于不同劳动时间的抽象化比较,这种本质差异正如阳光与土壤之于植物生长,与耕作制度之于社会分配般不可通约。

当价值概念突破经济学边界,向道德、艺术等精神领域渗透时,其内涵呈现出辐射状拓展。R.B.佩里在《一般价值论》中尝试构建普适性定义,将价值简化为"任何有益的事物",这种界定却将理论推向新的迷宫——"有益"究竟是客体固有属性,还是主体赋予的评判?现代价值哲学通过主客关系重构突破这一困境:价值并非客体独白,而是主体需要与客体属性在实践中的耦合。如同古琴的丝弦振动本是物理现象,唯有与知音的审美期待相遇,才能升华为艺术价值;青蒿素的医学价值,既源于其分子结构的客观属性,更取决于人类健康需求的投射。这种关系性的存在,使价值成为流动的意义网络,并在主体实践活动中不断重构边界。

关于价值主体与价值客体的辩证关系,学界通过多维度探讨形成了系统性认知。在价值哲学的视角中,价值主体的定义必须满足三个基本要素:需求的主观意识性、实践的目的性及自我评价能力。人类作为唯一兼具生物本能与社会属性的存在,既能通过意识活动感知自身需求,又能借助实践将需求对象化,还能依据价值尺度对需求满足程度进行评判。这种主体性不仅体现为个体对生存资源的获取,更彰显于群体对文明形态的建构,从原始工具制造到现代科技创新,人类始终通过价值创造活动突破自然本能的局限。

价值客体作为主体需求的外化载体,其范畴具有显著的开放性。自然存在物通过属性开发成为价值客体,如黄金经冶炼展现交换价值,水流经筑坝产生能源价值;人造物通过功能设计满足主体需求,从遮风挡雨的房屋到承载知识的典籍,均是人类本质力量的物化形态。值得注意的是,精神文化产品作为特殊客体,既承载着宗教慰藉、艺术审美等精神需求,又通过教育传承实现代际价值传递。这种主客互动在价值实现过程中呈现动态特征,客体属性开发深度与主体需求层次呈正相关,原始人仅能从燧石中获取工具价值,而现代人已能解析其地质学意义。

主体需求的多维结构决定了价值关系的复杂性。马斯洛需求层次理论揭示的五大需求模块,实质是价值追求的阶段展开:生理—安全需求构成生存价值基座;社交—尊重需求形成关系价值网络;自我实现需求指向超越价值维度。这种需求谱系既包含物质代谢的客观性,更彰显精神超越的主体性,在价值评价中呈现为主客观的统一。

价值实现的终极依据在于客体有用性与主体需求的契合度。有用性作为价值的核心表征,并非客体的固有属性,而是主客关系的实践产物。原始人未掌握冶炼技术时,铁矿仅是自然存在;当锻造技术解锁其金属属性时,铁器便成为文明进步的杠杆。这种价值生成过程印证了马克思的实践观点:"价值是从人们对待满足他们需要的外界物的关系中产生的。"客体价值的有无及大小,始终取决于主体实践能力的边界。人工智能时代,数据作为新客体价值的凸显,正是人类信息处理能力跃迁的镜像。

这种价值哲学框架超越了机械唯物主义的主客对立,强调价值关系的历史生成性。从钻木取火到量子计算,人类通过实践不断重构价值图谱:曾经的神圣符号变为考古对象,往日的奢侈品成为生活必需品。这种动态演进既遵循需求升级的客观规律,又彰显主体选择的主观能动性。在生态危机背景下,重新审视自然客体的多维价值,构建人与自然的新型价值关系,正是当代哲学的重要使命。

(二) 价值的本质

价值本质作为哲学领域的根本命题,始终在主观与客观、主体与客体的辩证张力中展开。不同理论流派基于各自哲学立场,构建出多元的价值本质图景,这些思想交锋既拓展了价值研究的维度,也凸显了界定价值本质的复杂性。大体说来,有以下主要观点:

1. 主观价值论

主观价值论将价值锚定于主体意识活动,文德尔班将价值视为意志与情感的投射,李凯尔特赋予其超验意义,培里以兴趣为价值原点,艾伦菲尔斯强调欲望的驱动作用。此类理论敏锐捕捉到价值现象的主观维度,揭示了情感意志对价值判断的影响机制。然而,将价值完全归结为心灵产物的倾向,消解了价值的客观根基,使价值哲学陷入相对主义窠臼。正如海德格尔批判的,这种立场混淆了存在论与价值论,忽视了客体对价值生成的实质性参与。

2.客体价值论

客体价值论试图矫正上述偏向,或强调客体满足主体需求的属性本质,或将价值溯源至客体自身。前者虽承认主客互动的必要性,却将价值凝固为客体固有属性,未能阐释主体需求动态变化对价值的影响;后者将客体视为价值源泉的极端立场,实质上是将价值论简化为实体本体论,遮蔽了主体的能动性。这两种倾向的共同症结在于割裂主客体的统一性,正如杜威所指出的,脱离主体实践的"价值属性"不过是悬置的抽象概念。

3.主客体关系论

关于价值本质的主客体关系论,学界形成了多重视角交锋的学术图谱。主客体统一论作为基础性框架,将价值本质锚定于客体属性与主体需求的契合,如学者所言"价值的本质在于客体功能对主体需要的满足关系"。该理论从主客关系的统一性切入,为理解价值生成提供了有效视角,但其工具性解读可能遮蔽价值的主体性维度。当客体属性被简化为满足需求的工具时,价值内涵便面临客体化的风险。

本质力量对象化理论则凸显了主体的创造性本质,认为价值是"主体本质力量在对象世界的现实化"。苏联及中国学者的发展深化了这一视角,强调劳动过程作为价值创造的源泉。然而,该理论存在双重困境:其一,将哲学价值等同于商品价值,混淆了价值客体与价值本身的概念边界;其二,囿于劳动创造价值的人类学范式,天然客体的价值被排除在理论视野之外。正如马克思所指出的,这种"超自然的创造力"赋予劳动,实质上是主体中心主义的认知偏狭。

价值对象性学说试图突破主客二元对立,布罗日克将其界定为"凝聚在对象中的社会关系","所谓价值的对象性,其实也就是体现并凝聚在对象中的社会关系,也就是马克思之所谓的本质力量的对象化"。这种表述延续了马克思历史唯物主义的思维路径。但将价值本质完全归因为社会关系的外化,未能解释自然客体独立于人类劳动的价值生成机制,其解释效力在生态哲学语境下显得捉襟见肘。

主体价值原理论将价值本源归于主体创造性,认为"客体仅是价值的物质载体"。这种立场虽突显了人的本质力量,却陷入客体工具化的窠臼。日本学者牧口常三郎的功能说,提供了更具张力的解释框架:"价值,因为它是同人类生活相关的客体的固有属性与评价它的主体相互作用时产生的功能。"他将价值视为"主客相互作用的效应场",强调客体对主体影响的质态与量度。这种动态关系论超越了静态属性匹配的局限,为理解价值实现的过程性提供了新维度。

最具整合力的理论突破来自客体主体化视角,该学说认为价值本质是"客体对主体本质力量的效应"。对于人化自然,主体力量对象化与客体主体化构成双重价值源泉;对于天然客体,其价值则直接源于对主体生命活动的效应。这种理论范式既承认劳动创造价值的人类学事实,又包容自然价值的客观性,构建起主客互动的立体价值模型。客体主体化过程实质是价值从潜在到现实的转化机制,为理解多元价值形态提供了统一的分析框架。

(三) 价值理论

1.中国价值理论的研究历程

简单回顾中国价值论的研究历程,大体可以分为三个阶段。

首先是20世纪二三十年代到40年代末,这一时期主要是引入西方的研究成果。比如1924年出版了蔡元培的《简易哲学纲要》,其中基本上是以文德尔班的《哲学导论》为基础,阐明了价值论在哲学原理体系中(与本体论、认识论相并列)的独立地位,并具体探讨了至今仍在研究的一些基本理论和价值观念问题。

张东荪先生是我国现代最早研究价值哲学的学者,1934年出版了我国第一本价值哲学著作——《价值哲学》,在介绍西方价值哲学的同时,也阐述了他对价值哲学的一些见解。除此之外,他还著有《道德哲学》《伦理学纲要》《现代哲学》等一系列论著。他对价值持满足需要论,认为"价值之所以为价值在于对于生活本身而成其自然趋势,满足其必然要求"[①]。他把价值理解为满足人的必然要求,这一观点显然是受文德尔班的影响。

张东荪先生很重视人生价值问题。他说:"我们来到这个世界,就如在宇宙的无边黑暗里,点燃了一盏油灯;我们活着,就是用这灯火去照亮尘世的黑暗。我们照亮的范围越大,我们生命的意义和价值就越大;我们照亮的范围越小,我们生命的意义和价值越小。"[②]他在这里,把生命的"意义""价值"连用,实际上,

---

① 张东荪著:《道德哲学》,上海世界书局,1934年,第24页。
② 引自王国银,牟永生:《张东荪与中国价值哲学》,《人文杂志》1997年第5期。

是把价值理解为"意义"。张东荪认为,活着本身只是一个纯粹的事实,并无价值可言。活着的价值不在于活着本身,也不在于生命的长短,而在于不断地超越"今此",放大生命,用我们有限的"知"之灯火,去照亮广漠无垠的尘世的黑暗。他认为只能在这个意义上理解人生的价值,理解"永生"与"不朽"。他认为"无论是立德、立功、立言,决不是指在宇宙间的地位而言,亦决不是指在时间上存续较长而言,而必是依着进化而言"[①]。他对价值哲学的探索精神和开放思想以及对哲学发展新的趋势的关注,都值得我辈去学习,一直到20世纪60年代初,价值哲学在我国长期无人研究。

接下来是20世纪40年代末至70年代末,这一时期标志着该领域的研究处于停滞与空白状态。由于社会大变革的历史背景,理论探讨被实际冲突所取代。在中华人民共和国成立初期,意识形态的斗争导致价值论研究被贴上了禁忌的标签。这是因为以新康德主义为标志的西方价值哲学,以及以胡适为代表对美国实用主义哲学的中国式诠释和运用,本质上与马克思主义存在根本的分歧。

自改革开放以来,中国哲学界开启了价值哲学的本土化建构进程。杜汝楫教授发表于1980年的《马克思主义论事实认识和价值认识及其联系》一文,通过重释马克思主义实践观,为价值哲学研究奠定了方法论基石。该文指出,自休谟以降的西方哲学传统中,"事实—价值"二元框架已现端倪:事实认知以"实然"为对象,追求客观规律的揭示;价值认知则以"应然"为指向,蕴含道德评判与意义赋予。这种二元划分在马克思主义哲学中获得了辩证统一——实践作为检验真理的唯一标准,既裁决事实命题的真伪,也判定价值命题的正当性。

其中,社会实践的双重检验功能消解了传统哲学的困境,当实用主义将"成功"等同于"正当",实质上是混淆了事实真理与价值真理的界限。这种混淆在哲学史上屡现危机,如培根的经验论将知识等同于权力工具,尼采的意志哲学将价值归结为权力意志,均陷入主观主义窠臼。马克思主义哲学通过实践的中介作用,将价值判断锚定于历史发展的客观进程。正如马克思所言:"哲学家们只是用不同的方式解释世界,而问题在于改变世界。"价值真理的检验最终要在社会实践的历史效果中完成。该文的理论贡献不仅在于学理层面的创新,更在于

[①] 引自张耀南编:《知识与文化——张东荪文化论著辑要》,中国广播电视出版社,1995年,第55页。

对时代精神的精准捕捉。20世纪70年代末的真理标准大讨论,实质是价值理性觉醒的哲学表征。杜汝楫的研究将这种觉醒推向纵深,使价值哲学成为解读改革开放的精神密码。当"白猫黑猫论"突破姓资姓社的意识形态桎梏,"发展是硬道理"重塑价值评价体系,这些时代命题都在价值哲学的理论框架中获得了哲学辩护。这种理论与实践的共振,彰显出哲学作为"文明活的灵魂"的本质力量。

自20世纪90年代以来,中国价值哲学研究呈现出建制化发展的显著特征。在学科体系建构层面,马克思主义哲学教材革新率先引入价值论模块,国内重点高校普遍开设价值哲学课程并构建完整人才培养体系,中国社科院设立价值理论研究室,北京师范大学成立"价值与文化研究中心",中国价值哲学学会等专业学术组织的相继成立,标志着该领域从自发探索转向自觉学科建设。这种系统性布局不仅为价值哲学研究提供了组织载体和人才支撑,更通过资源整合形成了理论研究与社会实践的有效对接机制。

当代中国价值哲学发展轨迹深植于思想史脉络与社会转型语境的双重坐标。其理论特质首先体现为问题导向的批判性建构——作为"文化大革命"哲学反思的实践产物,研究者们突破传统义利之辨的思维定式,将个体需求、利益诉求、价值多元等现实维度纳入哲学视野,完成对集体本位价值范式的现代性转换。这种范式转换在方法论层面展现出鲜明的马克思主义底色——研究者群体以马哲工作者为主体构成,始终坚守价值客观性根基,坚持评价活动的现实反映性原则,同时致力于价值论与马克思主义哲学体系的内在贯通,探索其在辩证唯物主义和历史唯物主义框架中的理论定位。在社会转型期的价值观重构进程中,价值哲学研究主动突破经院哲学的局限,既深入剖析市场经济条件下的利益格局调整,又积极回应全球化场景中的文化价值冲突,更自觉承担起引导价值观念变革的使命。这种实践品格使其不仅推进了哲学基本问题的研究深化,更通过主体性理论重构和思想解放运动,实质性地参与并促进了社会思维方式的现代转型。正是理论创新与现实关怀的深度融合,奠定了价值哲学在中国当代哲学发展中持续繁荣的根基,使其成为观察社会精神现象、引领文化发展方向的重要思想坐标。

总之,当代中国价值哲学研究在反思历史、审视现实和探索未来的过程中,不断丰富和发展。它在实践标准讨论和思想解放运动中崛起,关注现实问题,强调价值观念的多元性,以马克思主义哲学为指导,积极参与社会变革。这一哲学领域的发展,对于推动我国哲学研究、促进社会思维方式和价值观念的转变具有深远意义。

2.价值理论是哲学的骨干学科

价值理论的兴起距今已有100多年的历史,然而,在哲学领域,人们对价值理论的关注程度远不及对伦理学、政治哲学、美学等哲学学科的探讨。这种现象不禁让人思考,究竟价值论在哲学体系中扮演着怎样的角色?从整个哲学学科的结构布局来看,本体论探讨世界的本质和起源,知识论研究人类如何获取和使用知识,而价值论则在本体论和知识论的基础上,构想出一个理想的世界。这三者相互关联,共同构成了哲学的核心领域。本体论起源于古希腊哲学家对世界本质的探究,如柏拉图的理念论和亚里士多德的实体论。本体论的研究对象包括实体、属性、关系等,旨在解释世界的存在和本质。知识论则关注人类如何获取和使用知识,包括认识论、科学哲学和逻辑学等分支。知识论的研究成果对于理解人类认知世界的过程具有重要意义。在以人为中心构建世界的过程中,价值理论应运而生,为引导人们追求美好生活、塑造美好人格、构建美好社会和保护美好生态环境提供理论支持。价值理论体系可分为三大核心部分,即理论价值论、实践价值论和元价值论。

首先,理论价值论作为基础性研究,为整个价值体系奠定基础。它关注价值观念的来源、本质、特点和作用等方面,力求揭示价值的普遍规律,为后续实践价值论和元价值论的研究提供理论依据。其次,实践价值论以美好生活方式为核心,辐射至个人、社会和生态环境等多个层面。其中,美好生活方式是实践价值论体系的核心,美好人格是其主观条件,而美好社会和美好生态环境则是其客观条件。这三个方面相互关联、相互影响,共同构成了一个完整的人类美好生活图景。实践价值论旨在指导人们如何在这三个层面上实现价值最大化,从而创造一个和谐、进步、可持续的社会。最后,元价值论关注价值理论自身的研究,包括价值论所使用的概念、判断、推理和理论体系等。它以确凿可靠的基础为价值论提供理论支撑,确保作为一种哲学知识的价值论得到充分论证。元价值论的作用在于不断优化和完善价值理论,使之更好地服务于人类对美好生活的追求。

综上所述,价值理论的三个部分相互依存、相互促进。基础理论研究为价值体系构建提供指导,实践价值论关注人类美好生活的实现,元价值论确保价值理论的可靠性和有效性。三者共同构成了一个层次分明、逻辑严密的价值理论体系，为人类追求美好生活提供有力支持。

3.价值理论是马克思主义哲学不可缺少的内容

价值理论不仅是哲学体系中的一个关键构成部分，同时也是马克思主义哲学中不可或缺的核心内容。在马克思主义哲学的架构中，价值理论全面贯穿唯物辩证法、认识论以及历史观的各个层面。

马克思通过价值理论维度深刻重塑了哲学基本框架。在辩证法的建构中，他批判了费尔巴哈的客体化思维范式，指出仅从直观角度理解世界本质会遮蔽主体实践的价值生成本质。马克思强调，现实世界作为普遍联系的有机系统，其存在论根基在于人的感性活动，正是主体通过价值创造实践，将自在自然转化为自为的世界图景，为辩证法提供了动态发展的现实坐标。这种主体向度的理论转向，使辩证法超越思辨哲学的窠臼，成为解析历史演进内在机制的科学方法。

认识论领域凸显着价值导向的深层逻辑。认识活动绝非价值中立的镜像反映，而是主体在价值坐标中进行的能动性建构。从科研选题的价值预判到技术攻关的方向选择，从真理标准的实践检验到认知成果的转化应用，每个认识环节都内嵌着价值维度。这种价值介入不仅体现在认知主体的需求驱动上，更彰显于认识成果的价值实现中——科学理论唯有满足社会实践的价值诉求，才能超越知识论范畴，转化为改造世界的物质力量。马克思将认识论奠基在价值创造实践之上，揭示了人类认识活动的本质目的是实现主体价值目标。

转向历史观维度，价值理论更展现出解释范式的革命性力量。唯物史观将社会形态演进解读为价值创造活动的历史展开，生产力发展作为价值实现能力的不断提升，既推动物质财富积累，更促进精神价值升华与人的自由全面发展。历史主体在价值追求中确立自身本质：个人价值通过社会实践转化为社会价值，社会进步则通过价值分配体系的优化得以呈现。这种价值史观突破了传统叙事中"生产力决定论"的表层解读，揭示出历史发展的深层动力在于主体价值需求的持续生成与实现。当哲学将价值创造确立为历史分析的逻辑主线，就为理解社会形态更替、文化形态嬗变提供了深层密码。

价值理论在马克思主义哲学中的本体论地位，不仅重构了哲学的问题域，更开辟了实践哲学的全新境界。马克思将价值追求升华为人类解放的终极诉求，使哲学从解释世界的思辨体系转变为改变世界的实践纲领。确立价值理论的核心地位,意味着哲学研究将直面资本逻辑下的价值异化,审视技术理性支配下的价值迷失,更要在全球化语境中重构价值共识。这种理论突破不仅拓展了马克思主义哲学的解释维度,更为当代人类面临的价值困境提供了批判性反思的思想武器,使哲学真正成为时代精神的精华。

二、人生价值的内涵

(一) 人生价值的哲学定义

"人生"一词在中国哲学的语境下,承载着双重的生命意涵。其表层含义涉及自然生命的持续状态,即维持有机体生存的本能过程;而其深层含义则指向人类特有的精神存在方式,这是一种超越生物本能、融合物质实践与精神创造的多维生命形态。动物的生存以满足生理需求为最高目标,其生存逻辑深植于基因指令之中,表现为基于本能的力量博弈和资源争夺;相比之下,人类生活则通过构建文化符号系统,将生命活动提升至意义编织和精神超越的层次。这种超越性体现在三个层面:首先,人类能够运用符号思维构建价值体系,将偶然的存在转化为意义网络中的必然节点;其次,通过物质生产和精神创造的辩证运动,不断突破自然设定的生存界限;最后,在代际间文化传递的过程中,形成历史累积效应,使个体生命在文明的维度上获得更深层次的拓展。从词源考辨可见,"生"字在甲骨文中象征草木萌发,本指自然生命的发生过程;"活"字则从水从舌,原意指向生命体的动态存续。二者结合形成的"生活"概念,在中华文化传统中既包含"天地之大德曰生"的自然生命观,更蕴含"日新之谓盛德"的创造性发展观。这种双重性在《周易》"穷理尽性以至于命"的命题中得到凝练表达——人生既是遵循自然法则的限定性存在,更是通过实践理性开拓可能性的开放系统。当先民在陶器上绘制彩纹、在龟甲上刻写卜辞时,已昭示着人类从生存本能向生活艺术的跃迁。基于这样的人学认知框架,价值的哲学意蕴获得新的阐释维度,价值本质不在于客体固有属性的静态呈现,而在于主客体间的动态互构:客体以自身属性参与主体意义网络的建构,主体则以实践图式重构客体的价值形态。这种互构过程遵循双重逻辑:认知层面,价值判断是主体需要与客体属性在意识活动中的辩证统一;实践层面,价值实现是主体通过对象化活动将理想形态转化为现实存在的过程。正如阳光、空气对动物仅是生存条件,对人类却成为孕育审美意象、构建精神家园的要素,价值关系的生成始终映现着人类超越本能的创造性本质。

人生价值作为一个复合概念,为解析生命本质提供了独特的哲学视域。在此概念框架中,"人生"与"价值"构成内在互文的阐释关系:前者指涉生命主体与客观世界的能动的实践关联,后者则赋予这种关联以意义向度。若剥离任一方,概念都将失去其规定性张力。宋锦添在《人生学导论》中从三维动态视角揭示人生意义的本质结构:在动力机制层面,人作为具有需要-动机-目的系统的主体,始终是生命活动的原发动力源;在实践过程层面,人通过主客体双向对象化实现着对世界的支配与重构;在结果指向层面,活动最终指向自我本质力量的确证与自由发展。这种三位一体结构表明,人生价值的真谛在于主体通过对象化实践活动不断实现自我超越,将潜在生命转化为蕴含真、善、美与自由度的创造性存在。

这种价值实现具有双重维度,既体现为个体对社会发展的物质精神贡献总和,更深层地彰显为生命主体突破既定界限、拓展存在意义的精神历程。当人在实践中实现目的与规律的辩证统一,在贡献社会中确证自身本质力量,在超越生存本能中创造文化价值,人生价值便获得了其完整形态。这种价值论阐释突破了传统生存论的单向视角,将生命意义锚定于主体性与客观性的实践交界面,为理解人的尊严、权利与自由提供了本体论根基。

综上所述,人生价值是一个大系统,包含内在价值与外在价值、自我价值与社会价值、现有价值和应有价值的相互关系与矛盾运动。它侧重于探讨个体生命的意义和目的。它关注的是个人如何在有限的生命中实现自我价值,如何追求自己的理想和目标,并找到自己的幸福和满足感。对于人生价值本质的认识还可以通过以下几个方面来理解。

第一,人的存在本质决定着人生价值的生成。在存在论视域下,对人生价值的追问始终贯穿于人类文明的进程,既是个体生存实践的内在命题,更是社会发展演进的价值坐标。这种追问本身昭示着人类存在的特殊性质,人不是被动承受生命重量的物质存在,而是能够运用意识活动对存在状态进行自觉审视与意义建构的主体。当原始人在岩壁上刻下第一幅图腾,当智者在星空下思索存在之谜,人类便通过价值生成机制将生命过程升华为价值创造的过程。人的存在本质在三个维度上超越动物本能：其一，实践活动的目的性打破了生物遗传的封闭系统，工具制造、符号创造等活动将人的需求对象化为改造世界的物质力量；其二，意识活动的反思性建构起意义网络，使存在状态从生物本能跃升为价值体验；其三，文化积淀的开放性形成历史连续性，每个时代的实践成果都成为后续发展的价值阶梯。这种存在特质决定了人生价值不是预设的实体，而是在实践过程中动态生成的关系性存在。

人的存在与价值又是在辩证的历史运动中展开的。实践作为存在本质的外化形式，既创造着属于人的价值世界，又不断重塑人的存在。青铜器上的饕餮纹饰是商周人对权威的符号化表达，敦煌壁画的飞天形象是佛教东传后的精神投射，量子计算机的出现则昭示着信息时代的价值重构。这种存在与价值的同构演进，既体现了人类超越生物本能的文明进程，也揭示了人生价值生成的深层机制——正是实践活动的创造性，将有限的生命存在转化为无限的意义生成。

第二，人生价值是在人生一般存在状态基础上对人生意义的追寻。它超越单纯的事实认知，直指意义世界的深层建构，是精神生命对存在本质的自觉追寻。当先贤们以"朝闻道夕死可矣"的决绝叩响真理之门，用"不自由毋宁死"的呐喊彰显自由尊严，借"兼济天下"的胸襟与"德馨陋室"的坚守诠释道德境界时，这些穿越时空的价值箴言，恰似在生命长卷上镌刻下意义的永恒追问。这种追问本质蕴含着三重精神向度：认知的求真、情感的向善与意志的臻美。它们如三棱镜般折射出人存在的多维光芒——在"知"的维度，人类以理性之光穿透现象迷雾；在"情"的层面，生命用道德温度融化存在坚冰；于"意"的疆场，精神借审美力量超越现实阈限。这种"情""意"交融的生命体验，既非虚无缥缈的幻想构筑，亦非认知活动的简单延伸，而是主体在实践活动中凝结成的意义结晶。

在人类与世界的互动过程中，自我存在意识与定位的认知逐渐在心灵的沃土中萌芽，孕育出意义的种子。然而，价值探索的特殊性在于其持续超越认知界限的态势——当科技理性揭示物质世界的运行规律时，价值理性则质疑这些规律如何与人类福祉相协调；当工具认知解析存在表象时，意义探索却在重建存在的精神图景。正是这种根植于现实同时又超越现实的辩证运动，使得人生价值成为推动文明发展的内在动力。人生价值的实现过程，实质上是真、善与美在实践中的交汇，对知识与真理的追求奠定了生存的基础，而对善良与美好的追求则提升了存在的品质，这三者共同谱写了人类追求自由与全面发展的壮丽篇章。

从这个角度来说,人生价值不仅是对生命意义的个体化阐释,更是人类精神永恒进步的集体见证。

第三,人生价值是在一定的时空情境下生成的,具有时空辩证性。从时间维度考察,其价值辩证性呈现双重逻辑:历时性维度上,人生价值始终处在"逝者如斯"的超越性流动中,每个当下的价值实现都是对既往存在的扬弃;共时性维度则揭示出价值存在的整体关联——任何"现在"的追求都内蕴着"过去"的积淀与"未来"的投射,三者构成不可分割的意义连续体。这种时间辩证法否定了空洞的当下性,确证了人生价值作为"此在"的整体性,即过去、现在、未来的三维统一。转向空间维度,其价值辩证性同样表现为双重存在样态:实有空间作为可感知的物理场域,为生命活动提供物质基座,地月系统的引力牵引、银河星辉的辐射滋养,都在客观上规定着人生价值的物质基础;而虚无空间则源自精神世界的超越性建构,物质世界的客观无限性与理性思维的主观无限性在此相遇,催生出既超越现实又反哺实践的想象空间。这种空间辩证法打破了世俗存在的封闭性,使人生价值在实存与超越的张力中获得升华。时空辩证法的交织作用,使人生价值呈现出独特的二重性:在现象层面,它是时空情境的具体展开;在本体层面,又是超越时空的理想投射。这种双重性恰如海德格尔"在世界之中存在"的现象学描述,既锚定现实坐标,又保持向超越域的开放。当主体在时空经纬中展开生命实践时,实有与虚无、在场与缺席的辩证运动,便构成了人生价值自我实现的动态过程。

第四,人生价值是一种深刻而超越的体验,它不仅仅是一种简单的存在状态,还是一种更为深远和全面的生命体验。在个体与社会的存在论对话中,人类通过实践活动构建起双重的认知维度。一方面,社会文明的认知图式、情感编码与行为范式被吸收成为生命肌理的一部分;另一方面,在精神深处熔铸出独特的价值坐标系。这种双向的精神运动塑造了人的存在样态——社会价值观在个体意识中的镜像投射与主体生命精神的创造性重构,构成了价值生成的辩证场域。超越性作为价值体验的核心密码,彰显了生命精神的内在张力。它并非简单的空间位移或时间跨越,而是存在论意义上的视角革命:当主体以"在场"为支点,将过去与未来的时间性、自我与他者的关系性纳入认知框架时,便获得了俯瞰生命全貌的哲学高度。这种超越不是对现实的逃离,而是对存在深度的掘进,如同普罗米修斯盗火,在精神暗夜中照亮生命的意义维度。

缺乏超越向度的生存,终将沦为存在主义的空白符号。困于经验表层的人生,如同未开封的卷轴,无法展开价值图式的瑰丽图景。真正的价值实现,是物质存在与精神超越的共振,是生命能量在超越维度上的绽放。当主体将有限存在投入无限意义的精神创造,在世俗生活中谛听超越性的价值召唤,方能在存在之链上镌刻下独特的生命印记——这印记既是个人存在的史诗,更是人类精神家园的砖石。如果一个人无法实现这种超越,而只是固守在当前的现实之中,那么他的生活将缺乏深度和广度,从而无法产生真正的人生价值。没有超越,事物就失去了其内在的意义,变得毫无价值可言。人生价值是个体所特有的,它体现了主体生命精神的体验水平和高度,是对主体生命精神的一种深刻体验。这种体验不仅仅局限于物质层面,更是一种精神层面的追求和实现。

第五,人生价值的实现,是通过人类在现实世界中的实践活动来逐步完成的。这一过程涉及个体对自我价值的追求与实现,以及对真善美这一理想境界的不懈追求。实现自我价值,意味着个体在精神和道德层面上达到一种高度的统一,这在一定程度上体现了人生的价值追求。在这里,"自我"并非指肉体上的存在,也不是指现实生活中那个具体的自我,而是指那个充满理想和抱负的、更高层次的自我。要实现这样一个理想的自我,离不开人的实践活动,因为实践是人类存在的基本方式。

实践的本质在于自我对象化,即人们通过实践活动将自己内在的思想、情感和意志投射到外部世界中去。通过这种投射,人们不仅能够确证自己的本质、力量和价值,还能够通过与外部世界的互动来衡量和评价自己的价值。因此,人生价值的生成和实现,依赖于人的实践活动,依赖于人们在实践中对宇宙和人生的深刻理解和把握。作为社会中的一员,每个人在其生命历程中,不可避免地要与自然环境、社会环境以及自身的内在世界发生各种各样的关系。在这个过程中,人们会对这些"关系"产生一定程度的"觉解",即通过思考和理解来认识这些关系的本质和意义。这种"觉解"最终会形成一种人生价值,而这种价值反过来会指导人们的实践活动。

正如马克思所指出的:"人的思维是否具有客观的真理性,这并不是一个理论的问题,而是一个实践的问题。"[①]也就是说,人们应该在实践中不断检验和证

---

① 《马克思恩格斯选集(第1卷)》,人民出版社,2012年,第134页。

明自己思维的真理性。因此,人生价值的实现不仅仅是一个抽象的理论问题,更是一个需要在实践中不断探索和实现的过程。在这个过程中,人生价值在人类实践的基础上形成,并反过来指导着人们的人生实践,使人们能够在现实世界中不断追求和实现自己的理想和价值。

综上所述,探究人生价值命题的本质,必须深入存在论的维度。作为主体性精神维度的具体体现,其价值核心不仅深植于个体的生命实践之中,而且构成了生活方式的结构性要素。在此框架内,生活实践遵循着双重的逻辑:一方面,作为价值生成的客观基础——其物质性与社会历史的规定性超越了主观意志,成为价值关系的现实坐标系;另一方面,作为价值内涵的塑造力量——通过目的的设定与意义的赋予,使价值体系呈现为主体性与客观性的辩证统一。对生活世界的本体论定位,需摒弃两种预设:既非既定"实体"的衍生物,亦非超验意志的映射。人的生存活动始终是自我创生的过程,价值意义在此过程中自然产生,这种创生的本质解构了传统目的论,将价值根源从彼岸世界拉回到此岸生存。价值形态的多样性源于实践关系的复杂性。在不同的生存境遇下,价值期待既可能产生共鸣,也可能引发张力与冲突,这种动态的辩证关系正是价值世界真实性的体现。更为根本的是,生活实践的未完成性决定了价值追求的永恒超越性——既有目标一旦达成,便立即转化为新的意义起点,这种自我否定的辩证运动,正是人的生命区别于自在存在的独特方式。在此理论视野下,人生价值的研究需遵循现象学的还原原则。回归生活世界不仅意味着认知论的转向,更要求方法论的创新:将价值判断锚定于具体生存情境,在关系网络中理解价值的生成,于历史实践中把握价值的流变。这种理论自觉,构成了理解人生价值本质的现象学思考。

(二) 人生价值的内容与特征

1.人生价值的内容

人生价值,是指个体在其生命历程中,通过自己的社会实践活动,对社会所做的物质和精神贡献的总和,是人的生命存在的意义以及人的尊严、自由、权利等。它关注的是个人如何在有限的生命中实现自我价值,如何追求自己的理想和目标,并找到自己的幸福和满足感。人生价值内在地包含如下几方面的内容。

第一,人的本质。人何以为人?这是一个自古以来哲学家们不断探讨和争论的问题,他们主要通过"人性"这一概念来深入探讨人的本质。在这个领域中,存在着多种不同的理论观点,例如"性善论""性恶论""性无善无恶论""天命之性"和"气质之性"等。这些理论观点的差异,导致了对人生价值理论体系的不同理解和演绎。例如,理性主义哲学家们认为人的本质在于理性,他们认为理性是人类区别于其他生物的根本特征。因此,他们追求的是一种道德的与宗教的自我超越,强调通过理性的运用达到对世界的深刻理解和对生活的正确指导。非理性主义哲学家则认为人的本质在于意志和情感,他们强调人的非理性方面,如直觉、情感和欲望。因此,他们追求的是一种意志自由境界,强调通过情感和意志的力量来实现个人的自由和自我实现。精神分析学派则从心理学的角度出发,认为人的本质在于人的本能,特别是那些潜藏在潜意识中的本能冲动。他们追求的是一种本能自由境界,试图通过揭示和理解这些潜意识的本能冲动来解决人类的心理问题和实现个人的自由。马克思主义则提出了一个更为社会化的观点,认为人的本质是一切社会关系的总和。根据这一观点,人的本质不仅仅是个体的,更是社会的。因此,马克思主义追求的是一种人的全面发展的自由境界,强调通过改变社会关系和制度来实现人的全面发展和自由。这些不同的理论观点,不仅反映了对人的本质的不同理解,也揭示了人类追求自由和幸福的不同路径。每一种理论都有其独特的视角和深刻的思想,为我们理解人生价值提供了丰富的资源。

第二,人的存在。人生价值问题,从根本上来说,是关于人存在的意义的探讨。在人类文化发展的历史长河中,不同的思想家和哲学流派对这一问题有着各自独特的见解和主张。例如,在某些哲学观点中,个人的价值被置于社会价值之上,认为个人的物质欲望的满足是人生的唯一目标,这种观点被称为纵欲主义,其代表人物之一是中国古代的杨朱。有些哲学家强调社会责任和历史使命的重要性,认为这些因素应当高于个人价值,孔子、孟子、荀子和朱熹等儒家学者就是这一观点的代表。在西方哲学中,柏拉图和黑格尔等哲学家则认为价值的实现应当通过对实体的认知来达成,他们强调理性和理念的重要性。而实证主义等哲学流派则认为价值的实现应当寄托于对客观世界的征服和改造。这些不同的价值取向深刻地影响着人们对于意义的生成和理解。如果没有明确的价值取向,人们将无法定义和构建一个有意义的世界,因为价值取向是形成意义世界的基础。不同的价值观念和追求,塑造了人类社会的多样性和丰富性,也决定了个体在社会中的角色和行为。因此,探讨人生的价值问题,实际上就是在探讨如何在纷繁复杂的世界中找到属于自己的位置和意义。

第三,人的需要。人类需求构成了人生价值的根基。若无法满足生存需求,人的生命便无法持续,进而无法探讨人生价值。马克思指出,人类需求首先以自然界提供的物质需求为基础,此外,为了彰显人的意识的主观能动性,还存在与物质需求相对应的精神需求。物质需求涉及人类物种及社会为维持存续所必需进行的物质资料生产活动,它是可见的、可被人的生理感官所感知的需求,其满足方式体现为感性的人类活动。精神需求则是在生存需求得到满足之后,人们追求更高生活品质的一种需求。它表现为对物质、精神享受的追求。人类的主观能动意识决定了人们不仅满足于基本的物质需求,相反,人们还拥有强烈的精神需求。这种需求具有超越性,反映了对单一物质生命的不满和反思。精神需求是人生价值的体现之一。通过满足精神需求,人们能够提升生活质量,丰富精神世界,从而实现更高层次的人生价值。

第四,人的发展。发展是人的多种价值要求的集合,离开了"人"这一价值原点发展就变得毫无意义。弗朗索瓦·佩鲁曾指出,在现代化进程中,构成一切形态之发展实践的最核心、最主要的动力,无疑是对个人的发展与自由的追求。人的发展既体现了人的主观愿望,又深深植根于现实,并依赖于特定的条件。作为人类主体性的自觉意识与追求,人的发展是对自身理想生存状态及生存价值的预设与期许,从根本上体现了人类对生存状态与生活过程的不懈追求。人的发展要求,作为人的自我理解与价值预设,是在人们的日常生活与实践活动中逐渐形成的。一方面,人的发展要求是人类社会生活和实践活动发展的主观映射。追求价值的实现乃人性之本,从人类存在便开始了对自我价值与社会价值实现的追求。因此,人的发展是实现人生价值的基础与先决条件。唯有不断发展自我,提升能力与素质,方能更好地实现自我价值与社会价值。同时,人生价值的实现亦成为推动人的发展的重要驱动力。人们对自我价值与社会价值的追求,激励着他们不断学习、进步与创新,进而实现更高层次的发展。

第五,人的修养与人格。心性修养与人格完善是人生价值的精神向度与超越路径。在儒家"修身齐家治国平天下"的修为体系中,心性修养被确立为人生价值实现的原初起点。这种修养实践绝非简单的道德规训,而是涵盖身心整体的精神锻造工程:既需"吾日三省吾身"的内在觉察,又需"天将降大任于是人"

的外在磨砺,最终实现"内圣外王"的理想人格建构。中国传统哲学为人的修养提供了多维阐释框架,例如,王国维以"隔"与"不隔"的审美境界为喻,揭示修养过程中主客体的融合程度;冯友兰构建"理性——道德"的自觉体系,强调修养的认知维度与价值实践的统一;唐君毅提出"心灵九境"的跃升模型,阐释修养的阶段性特征与终极指向。这些理论共同指向修养的本质即在"天人合一"的宇宙观中,通过节欲持守实现身心平衡,在道德自觉中完成人格超越。这种修养实践既是存在论意义上的生命展开,也是价值论层面的人格完善。

第六,人生准则与人生态度。人生准则作为个体生命实践的价值罗盘,承载着文明积淀的伦理智慧。它不仅是处世哲学的行为指南,更是存在论层面的意义确证。在中华文明的价值传统中,人生准则呈现多元形态:儒家用"三纲五常"构建伦理秩序,通过角色规范实现群体价值;道家用"见素抱朴"追求自然本真,在物我两忘中抵达精神自由;法家的"法度规矩"强化秩序约束,以制度理性保障群体存续;佛教则通过"戒律禁忌"来达到解脱,在因果轮回中重构生命意义。这些准则体系虽形态各异,但共同构成文明传统的价值基因库。

人生准则与人生态度的交互作用,构建起价值实现的多维空间。当准则体系与态度模式形成共振,主体便能突破存在困境,在物质满足与精神超越的张力中,实现了人生价值的螺旋式上升。这种价值实践过程本质上是文明传统的创造性转化,是个体对人生价值的时代应答。

第七,人生信仰。信仰作为人类精神世界的核心构件,"是人们对其认定体现着最高生活价值的某种对象的始终不移的信赖和执着不移的追求"。本质上是人类精神世界对"最高生活价值"的终极承诺。这种承诺不仅建构了个体的意义世界,更在群体层面形成了价值共识的原型。从本体论视角审视,信仰与人生价值具有同构性——信仰是人生价值追求的终极形态,人生价值是信仰实践的现实表征。这种内在关联决定了人生价值研究必须嵌入信仰维度,在个体与群体的双重维度中展开价值探索。在个体生命实践中,信仰通过确立价值坐标,为个体在存在焦虑中提供意义支点,具有精神锚定功能。信仰虽具稳定性,但始终与现实价值诉求保持动态对话,具有动态调试功能,这并不是对信仰内核的消解,而是价值实践范式的创新。群体信仰构成了社会价值共识的基础。在特定的历史语境下,共同体成员通过共同信仰体系可将抽象价值理念具象化为行为准则,形成具有文化认同的精神符号系统,通过价值共识凝聚集体行动能力。这种价值实现过程,本质上是个体信仰与社会价值的辩证运动。正如海德格尔揭示的:"此在的基本存在方式,就是在世界之中与世界内的存在者打交道,通过筹划实现自身可能性。"信仰作为价值实践的内在驱动力,使人生价值超越经验层面,获得超越性的精神品格。

对于群体而言,某一社会在特定历史时期所形成的共同信仰,体现了该群体共同的价值追求与理想愿望。积极的价值观往往与科学的信仰紧密相连。而人们在价值观方面所出现的问题,脱离信仰缺失这一背景难以得到合理的阐释。人生价值与信仰之间存在着不可分割的内在联系,因此,在分析与研究人生价值时,必须将其与信仰等深层次的精神生活相结合加以考量。

综上,人生价值论域中的诸要素并非孤立存在,而是呈现出多维交织的有机联系。对人生价值的哲学追问,本质上蕴含着对理想人格的形塑期待与道德实践的路径选择。这种价值追寻绝非抽象思辨,而是必须具象化为关于人的本质、人的存在、人的需要、人的发展、人的品格修养、人生准则以及人生信仰确立的完整实践体系。在这个意义网络中,价值认知引导实践方向,实践过程深化价值理解,二者在主体与世界的交互作用中形成螺旋上升的辩证运动。人的自由全面发展作为价值核心,既需要物质需求的满足作为基础,又依赖精神境界的升华作为导向;既要求个体能力的全面拓展,又强调社会关系的和谐建构。这种内在逻辑关联表明,人生价值不是既定概念的简单演绎,而是主体在改造世界的实践活动中不断生成的意义建构过程,是理想性与现实性、个体性与社会性、工具理性与价值理性在生命历程中的动态统一。

2.人生价值的特征

第一,在当代,人生价值坐标的演进呈现出主导性与共生性相互交织的复杂图景。随着改革开放的深入发展和市场经济体制的不断完善,社会价值观呈现出多元化的样态。这种多样性既源于利益格局的分化重组,也根植于市场主体自主意识的觉醒。在制度变迁的宏观叙事中,社会主义集体主义价值观始终占据精神高地的核心位置,其主导性地位不仅源于制度设计的价值导向,更在于其作为文明传承的精神基因,深刻塑造着民族的价值认同。市场经济的内在逻辑强化了价值诉求的分化趋势,商品交换的普遍化解构了传统伦理的经济基础,利益主体的多元化催生出价值目标的层级差异。功利考量与实用理性获得现实合理性,个体价值实现路径呈现差异化选择,物质积累的效率标准与精神超越的终极追求形成内在张力。这些非主导性的价值样态,作为体制转型期的必然产物,既拓展着价值选择的空间维度,也考验着价值整合的机制效能。

这种价值生态的辩证运动,本质上是社会存在决定社会意识的现实展开。集体主义的主导性通过制度保障与价值引领得到实现,市场经济的多元性则在法治框架内获得发展空间。二者既非简单对立,亦非机械叠加,而是在动态平衡中共同构筑起当代中国的价值图景。这种价值结构的独特性,既彰显出社会主义本质的价值优势,也预示着重构价值共识的时代课题。

第二,人生价值范畴的深层嬗变折射出社会历史结构的转型轨迹。其本质并非静态的二元对立,而是内在价值诉求与外在价值实现的动态统一体。在改革开放前的集体主义伦理范式中,人生价值被赋予了超验性精神维度——个体存在被视为社会机器的功能部件,价值实现被压缩为抽象化的道德奉献。这种理想主义范式在历史语境中曾迸发出强大的精神动能,以精神境界的升华替代物质需求的满足,用集体主义的崇高感弥合个体存在的虚无。然而,当社会存在基础发生结构性变迁时,传统价值范式遭遇存在主义危机。生产力发展带来的物质丰裕,解构了道德理想主义的物质基础,个体存在开始从集体符号中剥离,价值坐标向生命本体回归。这种转型不是对社会责任的否定,而是价值实现维度的现代性拓展:人的需要层次从生存保障向发展权益跃升,价值评判从单一社会维度转向个体与社会的双重观照。

当代人生价值重构的深层意义,在于确立主体性与客体性的新型辩证关系。个体不再作为价值实现的被动载体,而是成为创造价值的意义主体;社会价值不再以抽象形式凌驾于个体之上,而是通过个体需要的满足获得现实根基。这种价值坐标的位移,标志着价值哲学从抽象思辨向生活实践的范式转型——它既承认物质需求的基础地位,又彰显精神超越的终极价值;既维护社会发展的整体利益,又尊重个体存在的独特意义。在这种价值重构中,人生境界的生成获得了双重合法性:既是个体本质力量的对象化,又是社会文明进步的具象化,由此实现了价值本质的当代澄明。

第三,在现代社会,人生价值的选择趋向于实用化和简化,理想主义色彩逐渐淡化。人生价值作为个体自我发展与完善的结晶,是在对人生经历、人生意义、人生态度、人生目标及人生修养等多方面进行深入思考与体悟后逐渐提炼而成的,它体现了从宏观视角对人生经历的深刻体验与生成状态。因此,对人生价值内容的选择,直接关联并影响着个体人生境界的高低水平。在社会主义初级阶段与经济体制转型期间,受全社会商品化趋势及功利心态的驱动,当前中国民众的主导文化模式呈现出一种贴近原生状态的平面化特征。民众逐渐摒弃了传统精英文化所倡导的理性、价值、意义及终极关怀等深度文化价值取向,这些取向曾构建出一个理性或理想的文化空间供大众沉浸。转而,当物质丰裕释放了基本生存焦虑,大众注意力却呈现反向运动:无意识臣服于消费主义编码的感官盛宴,在媒介制造的即时快感中寻求意义代偿。这种文化转向呈现出双重面相:表层是欲望符号的狂欢,深层则是价值理性的持续溃退。值得警惕的是,尽管启蒙理性与人本主义思潮已渗透至社会肌理,传统文化基因中蛰伏的自然主义认知图式仍保持着强大惯性。在知识经济与信息革命的推波助澜下,经验主义思维以新型文化病毒的形式实现数字重生,通过社交算法强化人情社会法则,借短视频叙事重构物质崇拜逻辑,在元宇宙空间复活巫魅思维。这种文化返祖现象不是简单的传统复辟,而是认知图式在媒介迭代中的适应性变异。价值选择的功利化加速实则是文化基因编辑的结果。当每个生活决策都被约简为即时收益计算,当理想主义被算法标注为"低效思维",主体逐渐丧失超越性思考能力,陷入海德格尔所说的"沉沦状态"。这种价值维度的平面化不仅消解着个体生命的意义密度,更在集体层面导致文化创造力的集体贫瘠。传统元素与现代技术的媾和,最终生产出的是祛除精神向度的文化仿真品,其后果远比传统自然主义的局限更为深远。

第四,在社会主义初级阶段的精神图景中,人生价值领域呈现出前所未有的存在样态的嬗变。当价值坐标从道德形而上叙事转向利益实证逻辑时,精神秩序的解构与重建展现出复杂的症候群,价值选择呈现情绪化认知主导倾向,主体在多元价值洪流中失去锚定能力,陷入存在根基性缺失的生存状态。这种精神迷失具象化为双重维度的失序——在集体层面,传统伦理规范遭遇市场化挑战,道德共识呈现碎片化特征;在个体层面,人生价值的终极追问被解构为即时性满足的功利计算,价值判断呈现表层化的情绪投射。

价值选择机制的异变折射出深层文明症候。精神家园的荒芜化进程呈现多重表征:拜金主义将价值简化为货币符号的占有游戏,丧文化消解着超越性追求的动力机制,享乐主义则将生命体验矮化为感官刺激的循环。这些文化表征实质上是价值根基坍塌的病理反应,暴露出当代人在处理物质丰裕与精神迷茫、个体自由与社会责任、传统承继与现代转型等张力关系时的深层困惑。

行为实践层面的价值虚无主义倾向尤为值得关注。当文化价值根基呈现空洞化趋势,行为选择便失去方向性坐标,演变为社会流行价值的被动接收器。这种价值选择的从众性模仿,本质上是主体性精神萎缩的表征。从封建迷信沉渣泛起到赌博嫖娼等腐朽文化复燃,从消费主义狂欢到道德相对主义泛滥,种种现象共同编织成精神失序的症候网络。在此语境下,重建价值根基的迫切性与复杂性超过任何历史时期,它要求我们在现代性转型的激流中,重新确立价值判断的定盘星,实现精神秩序的创造性转化。

第五,当代价值认知困境本质上是存在论层面的意义迷失。当功利主义逻辑成为价值判断的主要标尺,人们沉溺于即时满足的表层快乐,既失去了对超越性理想的守望能力,也消解了精神境界的建构可能。这种平面化认知倾向导致双重异化,既将价值目标降维为物质积累的量化指标,又将人生价值虚化为空洞的符号想象,最终陷入自我物化的生存悖论。反观本质层面的人生价值,其核心在于对生命有限性的超越性回应。海德格尔"向死而生"的哲学命题在此获得具体阐释:真正的价值实现不在于占有多少现实利益,而在于个体如何以本真姿态投入生命实践,在知行合一中确证存在的意义。孔子称道颜回"贫而乐道",正是揭示价值本质的典范——箪食瓢饮的物质匮乏与安贫乐道的境界升华形成强烈张力,恰恰证明人生价值不在于外在境遇,而取决于主体如何将客观境遇转化为精神滋养。这种价值认知具有鲜明的现象学特征,不同个体在生活世界中遭遇的具体情境,通过价值意识的投射,形成差异化的意义网络。圣贤的"天人合一"与凡夫的"岁月静好",本质上都是人生价值的具体展开,区别仅在于自觉程度的高低。自觉者如萨特所言"自我塑造本质",在自由选择中构建价值坐标;混沌者则随俗浮沉,任由既定规范消解主体创造性。当精神价值被工具理性边缘化,人们一面渴求意义支撑,一面拒绝深度思考,这种认知分裂必然导致实践困境。突破路径在于回归价值本质的现象学还原:不是从抽象概念出发,而是从具体生存体验中提炼意义,在"忧乐圆融"的日常实践中实现自我超越。这种认知转向,正是重构价值理性的关键枢纽。

(三) 人生价值的规律

1. 人生目标价值与人生实践价值相统一的规律

人生价值的实现遵循着目标价值与实践价值辩证统一的深层规律,二者犹如 DNA 双螺旋结构,在动态交织中推动生命向更高维度跃升。目标价值作为人生价值的方向坐标,本质是主体需求在特定历史条件下的具象投射,美国心理学家马斯洛构建的"需求层次理论",恰似一座五层灯塔,底层垒砌着维系生命存续的生理需求,中层浇筑着安全归属的情感需求,顶层矗立着自我实现的超越需求。这座灯塔的逐层点亮,既映射出个体需求的社会化进程,也勾勒出目标价值从基础生存到精神超越的螺旋式升华轨迹。

实践价值则是实现目标价值的现实载体,构成了人生价值的外化表达。马克思在《关于费尔巴哈的提纲》中深刻揭示:"全部社会生活在本质上是实践的。"劳动实践不仅是物质生产的根基,更是人本质力量的确证场域。原始人打造石器满足生存需求的过程,与科学家探索真理实现自我超越的实践,本质上都是主体通过对象化活动将潜在价值转化为现实存在的价值创造。这种转化遵循着"需求驱动实践—实践升华需求"的循环加速机制,如同核聚变反应中的链式效应。

目标价值与实践价值的同频共振,两者在"知行合一"中达成终极统一,在历史长河中激荡出动人的价值交响。这种统一不是静态的等式,而是动态的平衡:目标价值在实践熔炉中淬炼升华,实践价值在目标牵引下突破创新。正如普罗米修斯盗火神话的隐喻,人类对光明的渴求(目标价值),正是推动技术革新(实践价值)的永恒动力。在这个意义上,每个生命都是目标价值与实践价值交响的乐章,在双重变奏中谱写出独特的人生华彩。

2. 人生要素价值与人生结构价值相协调的规律

人生价值的实现遵循着要素价值与结构价值相协调的深层规律,这既是对恩格斯"世界是联系与相互作用交织的画面"这一哲学命题的具象化诠释,也是个体生命历程的终极命题。当我们透过纷繁表象审视人生本质时,会发现其既是由目标与道路、纵向发展、横向交往等要素构成的多元系统,又是通过要素排列组合形成的动态结构,二者如同基因图谱与生命形态的辩证关系,共同编织着人生价值的光谱。

每个生命要素都承载着独特的价值密码,健康是承载所有可能性的"生命基座",失去这个"1",再多的"0"都将失去意义;理想是指引方向的"北极星",正如苏格拉底所言的"为理想奋斗是人生至乐",它使人在精神层面超越生存本能;能力则是将理想转化为现实的"炼金术",从基础智力到创造力,不同能力组合构筑起个体独特的发展轨迹。这些要素并非孤立存在,正如巴斯德强调的"立志—工作—成功"三要素链,其相互作用产生着乘数效应。

但要素价值的实现高度依赖于结构框架的搭建。人生结构犹如建筑艺术,既要筑牢"人不能做什么"的伦理防线,也要高擎"人应该做什么"的理想旗帜,更要探索"人怎样去作为"的实践路径。契诃夫"三个头脑"的隐喻恰能说明:当先天禀赋、知识积累与实践智慧有机整合时,人生结构便呈现出几何级数的价值增值。这种结构不是静态模板,而是随着生命阶段动态演化的智慧矩阵——青少年时期需重点优化目标定位与学习能力的组合,中年阶段应强化事业突破与机遇把握的协同,老年阶段则需注重身心调适与智慧传承的平衡。

要素与结构的辩证关系,在生命实践中展现出惊人的创造力。当王羲之将笔墨技艺(要素)与魏晋风骨(结构)相融合,诞生了"天下第一行书";当达芬奇将解剖知识(要素)与人文主义(结构)相贯通,开创了艺术新纪元。这种"1+1>2"的质变效应,本质上是个体通过结构优化激活要素潜能的过程。反之,若要素配置与结构框架产生排异,即便拥有再优质的"原材料",也可能陷入"1+1<2"的价值损耗。

真正的人生智慧,在于深刻理解要素与结构的共生关系。正如安东尼·罗宾强调的"决定怎么看、怎么想、怎么做"三要素,其价值的实现依赖于将这些认知要素嵌入合理的人生结构。从丰子恺"真善美"三足鼎立的人生模型,到马克思"人的全面发展"终极理想,都揭示着同一个真理,人生价值最大化的奥秘,在于让每个要素都在最适合的结构位置上绽放光芒,使要素潜能与结构优势产生共振,最终谱写出超越个体生命长度的价值乐章。

3.人生部分价值与人生整体价值相一致的规律

人生价值作为存在论意义上的多维复合体,其本质在部分与整体的价值辩证统一中得以澄明。从本体论视域观之,人生价值并非静态要素的简单叠加,而是由目标价值、实践价值、要素价值、结构价值等构成的多重奏,在纵向的时间维度上呈现为少年、青年、中年、老年各阶段的螺旋式发展,在横向的空间维度上展开为生命价值、交往价值、事业价值等多元形态。这种纵横交错的立体结构,恰似海德格尔"在世存在"的展开样态,既包含先天禀赋的潜质,亦涵盖后天实践的积淀,在历史、现实与未来的时间流中生成着价值的意义网络。

部分价值作为整体价值的分形单元,具有显著的历时性特征。少年时期"勤学如春起之苗"的知识积淀,青年阶段"士不可以不弘毅"的担当精神,中年时期"致广大而尽精微"的实践智慧,老年阶段"化作春泥更护花"的精神传承,共同构成价值实现的完整周期。每个阶段的价值形态既是时间切片上的独特表达,又在存在论层面构成连续统——前阶段的价值实现为后阶段奠定基础,后阶段的价值创造赋予前阶段新的诠释维度,形成黑格尔辩证法的"扬弃"过程。

整体价值作为部分价值的整合,彰显着价值系统的涌现性特质。亚里士多德四因说启示我们,整体价值并非部分的线性叠加,而是质料因、形式因、动力因、目的因的有机统一。其价值全面性体现在先天潜能与后天实践的融合,历史积淀与现实创造的共生;价值层次性源于需求结构的金字塔式演进,目标体系的总分嵌套结构;价值预决性则表现为存在先于本质的实践生成逻辑,每个当下的选择都在塑造未来的可能性空间。正如维特根斯坦"语言游戏"理论所示,整体价值的实现是主体在生命实践中不断重构意义网络的过程。

部分与整体的价值统一在存在论层面达成深层同构。部分价值实现是整体价值显化的具体路径,整体价值则为部分价值提供意义框架,二者形成交互建构:部分价值的实现不断充实整体价值的内涵,整体价值的澄明又为部分价值赋予新的方向。这种辩证运动在尼采"永恒轮回"思想中获得形而上的回响——每个瞬间的价值创造都在参与整体生命意义的编织,而整体生命意义又赋予每个瞬间以超越性的重量。

第二章　现代社会人生价值理论发展历程

生产力范式的历史跃迁深刻重塑着人类对存在本质的追问方式。从农耕文明到工业文明再到信息文明的演进序列中,价值认知的嬗变遵循着实践理性的内在逻辑:每次生产方式的革命性突破,都催生着主体对自身存在意义的新一轮探索。这种探索在历史长河中呈现出鲜明的范式转换轨迹——古希腊哲学以超验理念构筑灵魂家园,奥古斯丁将价值支点转向神圣他者,启蒙思想家试图以理性法则重构价值秩序,尼采的呐喊则宣告了价值重估的生存论转向。不同文明形态的价值叙事虽呈现多元表征,却共享着同一精神内核,即对主体力量的确证与超越性存在的渴求。柏拉图理念世界的终极指向,实则是人类思维突破现象界的精神远征;中世纪对上帝圆满性的追求,本质上是对道德完善与终极关怀的隐喻表达;理性主义对人性法则的强调,彰显着启蒙主体对自主立法的价值自觉;非理性主义的颠覆性解构,恰似价值重估的先锋姿态,在否定中重构着意义生产的可能维度。

这种价值认知的演进,始终缠绕着存在与超越的辩证张力。当物质生产突破生存阈限,价值追问便自然指向自由王国:农业文明的价值坐标锚定于土地伦理,工业文明催生出权力话语体系,信息文明则重构着意义生产的虚拟维度。但无论文明范式如何更迭,价值追寻始终遵循着主体自我实现的内在轴线——从灵魂救赎到人性解放,从理性自律到存在主义焦虑,都是主体在不同历史境遇中对自身价值坐标的重新校准。这种校准过程本身,正是文明演进的精神动力。

一、古代社会时期

在人类的发展历程中,历史的继承性扮演着至关重要的角色。人生价值理论的形成和发展同样无法脱离历史文化背景的影响。尤其在被视为文化轴心时期的先秦时期和古希腊时期,这两个时期对中西方文化的发展产生了深远的影响。基于这些时期的文化积淀,形成的人生价值观念在现代社会中依然能够找到其踪影和影响。因此,为了深入研究人生价值的生成过程,我们有必要对先秦时期和古希腊时期的人生价值观念及其生成与发展进行详细的阐述和探讨。在先秦时期,中国哲学思想百家争鸣,儒家、道家、墨家等学派提出了各自独特的人生价值观念。儒家强调仁义礼智信,倡导君子之道,注重个人品德修养与社会责任的结合。道家则提倡顺应自然,追求内心的宁静与自由。墨家则强调兼爱非攻,主张平等与博爱。这些思想不仅在当时具有重要的社会意义,而且对后世产生了深远的影响。

古希腊社会同样孕育了丰富的哲学思想,苏格拉底、柏拉图、亚里士多德等哲学家对人生价值进行了深入的探讨。苏格拉底提出了"认识你自己"的命题,强调理性思考的重要性。柏拉图则通过对理想国的构想,探讨了正义、智慧、勇敢等美德在理想社会中的地位。亚里士多德则提出了"中庸之道",强调在各种美德之间寻求平衡。

先秦与古希腊时期的思想家们所提出的观点,不仅在当时具有指导意义,而且在现代社会中依然具有重要的启示作用。无论是儒家的仁义礼智信,还是道家的顺应自然,抑或是古希腊哲学家们对美德的追求,都在不同程度上影响着现代人对人生价值的理解和追求。

(一)传统中国社会的人生价值理论

中国传统文化将人生价值理想的追寻熔铸为文明发展的精神基因,这一追求犹如血脉绵延,始终流淌在文化长河的深处。古代圣贤"修身齐家治国平天下"的箴言与"立德立言立功"的期许,恰似星斗辉映,为后世勾勒出人生价值的璀璨图谱。自我价值作为生命意识的觉醒初音,是个体在浩瀚宇宙间锚定自身坐标的原始动力——当原始先民首次以磨制石器叩问自然,当甲骨灼痕首次记载先民对永生的祈愿,这种对生命本质的叩问便已镌刻进文明的基因。

亚里士多德曾说"求知是人类的本性",这恰与中国先哲"格物致知"的智慧遥相契合。每个生命个体在自我意识觉醒的刹那,便开始绘制独特的人生轨迹:强健体魄以丈量天地,研习典籍以贯通古今,砥砺德行以烛照人心,培育韧性以直面命运嬗变。这种"修身"的历程绝非独善其身的私己修为,而是蕴含着"兼济天下"的磅礴气象。正如春蚕结茧终化彩蝶,个体在自我淬炼中积聚的能量,终将在更广阔的社会场域中迸发。

历史长河中的文化巨擘们,用毕生心血诠释着这种双重超越。孔子周游列国传播仁道,虽道路艰辛却终成万世师表;司马迁忍辱负重著《史记》,在竹简上镌刻出史家绝唱;王阳明龙场悟道创立心学,以"知行合一"的智慧照亮思想星空。他们的人生轨迹雄辩地证明:抑制自我价值换取集体利益,如同涸泽而渔;唯有在自我实现中孕育的创造力,才能浇灌出文明之花。

从先秦诸子百家争鸣到两汉经学昌明,从魏晋玄学清谈到唐宋理学建构,直至明清实学兴起,文化演进始终围绕着人生境界的叩问展开。老子"上善若水"的哲学思辨,孔子"从心所欲不逾矩"的人生境界,庄子"逍遥游"的精神超越,墨家"兼爱非攻"的济世情怀,共同构筑起中华文明的价值基座。这些思想遗产在历史长河中不断被赋予新的时代内涵,但始终遵循着"内圣外王"的修为路径,印证着人生价值在自我实现与社会担当中的双重圆满。当我们凝视这些穿越时空的精神坐标,不难发现:人生价值既非宿命论的自然馈赠,亦非虚无主义的社会建构,而是生命主体在历史文化长河中主动书写的答卷。这种价值实现的过程,既是个体本质力量的对象化展现,更是文明传承创新的生动实践,彰显着中国传统文化"天人合一"的深层智慧。

1.儒家:以孔子为代表的儒家学派

先秦儒家人生价值观以道德实践为核心,将人生追求构建于伦理本位之上。其理想人生范式体现为"孔颜乐处"的精神境界,这种境界以道德生活为轴心,主张通过精神充实与心理愉悦来超越物质困顿。在孔子看来,理想人格即"君子"境界,其本质特征包含崇高道德理想、积极人生态度与坚韧意志品质。君子人格既展现为文雅端庄的外在风范,更体现为历经困顿仍坚守人生信念的内在修为,内外兼修方成世人典范。

为实现君子人格,孔子确立三条实践路径:其一,恪守"仁、忠恕、孝悌"的伦理准则,将"仁"确立为处理人际关系的根本原则与人生终极追求,要求"君子无终食之间违仁",在任何境遇中都保持道德定力;其二,主张"能近取譬"的修养方法,强调从日常事理中体悟道德真谛,通过反求诸己实现道德提升;其三,秉持"知其不可而为之"的实践精神,在困境中坚守道德理想,通过持续努力彰显人生价值。这种人生理论融合"天人合一"的哲学智慧与"以德配天"的价值追求,在道德实践中实现人生意义，在责任担当中获得精神满足。先秦儒家人生价值观本质上呈现积极入世特征，将道德修养确立为人生实践的核心内容，构建起以伦理践行为旨归的价值体系。

2. 道家：以老子和庄子为代表的道家学派

道家人生价值论以"道法自然"的宇宙观为根基，其核心在于确立个体生命在天地秩序中的本体地位。老子将生命本质溯源于"道"的创生性，认为生命作为自然实体具有独立价值，但主张超越世俗价值体系实现生命存在方式的升华。针对"有身"引发的现实困厄，老子提出"无身"的生存智慧——通过消解对形骸的执着达成精神超越，在"后其身而身先"的悖论式修行中实现生命本质的回归。这种价值取向体现为对生命自主性的绝对尊崇，将个体存在置于天命论之上，主张通过养生实践来把握生命存续的主导权。庄子在生命哲学层面深化了这一价值体系，将"德"确立为超越形骸的精神实体。在《齐物论》等典籍中，庄子通过残缺者得道的寓言揭示：当个体突破形骸局限实现精神完满时，即可达成"天地与我并生，而万物与我为一"的绝对自由。这种精神自由不依赖外在条件，而是通过"心斋""坐忘"的修行路径达成——在"泯灭物我"的认知重构中消解主客对立，于"安时处顺"的生存态度里实现与天地同频。

道家人生价值的独特性在于构建了以自由为核心的价值坐标系。相较儒家将个体价值锚定于社会伦理，道家将生命存在本身视为终极目的。其理想人格"至人""真人"展现的"虚静淡泊"的心性特质，本质是对生命主体性的高度自觉。这种价值取向既否定对外物占有的物质追求，也拒斥道德完善的社会期许，而将人生实践聚焦于保全生命本真状态——通过"见素抱朴"的减法哲学实现精神逍遥，在"无为而无不为"的辩证智慧中达成生命价值的最大化实现。

因此，我们通常将先秦道家的人生价值思想称为一种消极的"遁世"哲学，它是一种艺术化的审美人生价值追求。道家倡导的是一种超越世俗纷扰、追求内在精神自由的生活方式，强调个体在宇宙中的独立性和自主性，以及在自然法则下的和谐共生。通过这种哲学思想，道家为人们提供了一种不同于世俗追求的生活境界，引导人们在纷繁复杂的世界中寻找到内心的宁静与自由。

3. 墨家：以墨子为代表的墨家学派

墨家人生价值观以"兴利除害"为实践准则，其核心在于构建以功利主义为根基的价值体系。在价值取向上，墨家主张超越血缘伦理的"兼爱交利"原则，要求将个体利益置于天下公利框架内考量。为实现这一价值目标,墨家确立"仁者"人格典范,要求践行主体以"摩顶放踵利天下"为行为准则,将"兴天下之利"作为唯一价值尺度。在方法论层面,墨家提出"以兼易别"的实践路径,主张通过破除亲疏之别建立普遍性价值认同,其"兼相爱,交相利"原则构成社会伦理的功利主义结构。

在价值实现机制上,墨家确立"非命"论作为实践动力源,反对儒家"天命观"与道家"安命论",强调通过主动作为改变生存境遇。这种"强力而行"的实践哲学,将幸福定义为主观努力与客观成效的统一,认为个体福祉取决于"察其然"与"为之务"的实践过程。在价值判断标准上,墨家坚持"三表法"的实证原则,主张以"本之者、原之者、用之者"三重检验衡量行为价值,强调"功利"必须体现为可验证的社会效果。这种注重实际效用的价值取向,与古希腊伊壁鸠鲁学派强调的"快乐计算"存在方法论共通性,都体现了对行为结果量化评估的理性精神。墨家人生价值观的本质,在于构建以社会功利为鹄的、以实践理性为方法、以"兼爱"为伦理基础的价值系统,其核心始终围绕如何通过主体实践实现公共利益最大化。

在先秦时期,中国人生价值理论的丰富性和多样性得到了充分的体现,这一时期的人生价值理论可以概括为三种主要的人生模式。首先是儒家所倡导的道德化人生价值,强调个人品德的修养和社会责任的担当,追求仁义礼智信等传统美德。其次是道家所推崇的审美化人生价值,主张顺应自然,追求内心的宁静与自由,强调个体精神的独立与超脱。最后是墨家和法家所提倡的功利化人生价值,注重实际效益和社会秩序的维护,强调集体利益高于个人利益。

中国人生价值理论在先秦时期已形成完整体系,其核心要素包括生命存在论、宇宙地位论及价值实现论三个基本维度。各学派围绕"人存在的本体依据""人在宇宙中的定位""最高价值的实现路径"展开系统性建构,确立了中华文明特有的价值认知框架。

综上所述,先秦时期各家各派的人生理想境界都旨在塑造一个"至善至美"的完人形象。那么,何谓至善至美呢?至善至美即是"天人合一"的境界。当一个人达到了"天人合一"的境界,他就实现了至善至美的理想人格。天人合一意味着人道人性中蕴含了天道天性,天道天性在人道人性中得以体现。然而,我们还需进一步阐明,天人合一的"同"并非指天与人各自已然状态的同质化,不是没有差别、没有对立,而是指两者对立的统一,矛盾的消融,冲突的调和。具体来说,就是主体的自我与本我、个人与社会、应然与必然、瞬间与永恒、有限与无限、善与恶、是与非、物与我等矛盾、冲突、对立状态的消解,是主体与客体交互渗透、融合的过程。这种"至善至美"的理想人格,正是化解了差别和抗争的和谐境界。

在人生价值的生成中,同样要达致"至善至美"的理想人格境界,但儒道是通过各自的价值选择和修养修炼的实践方式来实现的。面对人与现实、人与社会的矛盾,儒家试图通过个人的道德修养把个人的利益置于社会和群体的利益之中,达到身与心、心与肉、自我与社会相统一的价值追求。在生死之间,宁可杀身以成仁;公私之间,公而忘私乃至大公无私;理欲之间,存天理灭人欲;义与利之间,舍利而取义。对待民众,主张博施于民而能济众,民吾同胞也,物吾与也。人之所以能做出这种选择,就在于人内在的仁性,这种仁性是天赋予的。因此,"尽其心者,知其性也。知其性,则知天矣。"①尽心、知性、知天就是天人合一的境界。如果说儒家的天人合一是通过社会价值的选择成就圣贤人格,那么道家则通过个体对"道"的选择,"坐忘""心斋"的修炼,离形去智,与天地并,与万物为一。从而消除生死之别、是非之分、善恶之争、礼义之辨,达到理想的真人境界。因此,无论是儒是道,孜孜以求的理想人格虽殊途而同归,其建立在以社会价值的选择与自身道德的反省基础上,最终在先秦文化中生成了以由善至美的"天人合一"为人生价值的旨归。

魏晋玄学是魏晋时期广为流行的一种人生价值理论。东汉之后,各路军阀混战,三国两晋南北朝时期,中国仅保持37年的大一统局面,之后社会极其动荡,争夺政权的斗争此起彼伏,人们对于自己的生活处境、人生的命运根本无法把握,未来渺茫而不可预知,一切都是虚幻的,唯有活在当下才是真,人生境界更多地表现为追求人的天然本性,高尚的境界应该是人的自然本性的释放。因此,社会名士放浪形骸、纵欲享受、遗忘世事、逍遥自足,玄学则成为他们为自身放荡辩护的辩词。如王弼提出:"自然为本、名教为末。"自然是世界之本体,即为名教之本体,而名教只是衰世的产物。他说:"崇仁义,愈致斯伪。""巧愈思精,伪

---

① 引自单连春:《至善至美与至真至善:先秦与古希腊人生境界之比较》,《贵州社会科学》2005年第5期。

愈多变,攻之弥甚,避之弥勤。"①道德是一种文化现象,是在历史发展过程中产生的。按照道家的观点,人类最初生活在自然状态下,人与人之间的关系极为单纯,人们的行为完全按照自己的本性去做,不需要任何非自然的东西(包括道德)的约束和限制。到了社会生活需要道德来规范的时候,人们的自然本性已经遭受破坏了。如果只讲道德名教,使人们追求形式、图谋虚名,就会逐渐丧失自己的自然本性,失去淳朴和真诚,根本无法治理好国家。因为名教只是枝节的、外在的东西,只有自然才是本质的、内在的,应当分清本末,把本末统一起来,若舍本而逐末,则"末"的名教也不能起作用,更不用说抓住根本了。"任名以号物,则失治之母。""物有其宗,事有其主。"②事物的宗主即自然的无,在人类社会则是人没有受到任何规定和限制的自然本性,离开自然之无,舍弃自然本性,名教就只是虚伪的说教。

因此,在王弼看来,名教出于自然,即名教是根据自然的原则制定的,必须符合自然的原则。他说:"道不违自然,乃得其性。""顺自然而行,不造不始。""因物自然,不设不施。"自然是宇宙间一切事物的根本原则,是制定名教的依据。换句话说,只有符合自然、符合人的自然本性的东西才具有合理性。他又说:"始制,谓朴散始为官长之时也。始制官长,不可不立名分以定尊卑,故始制有名也。"明确以名教纲常为道(无)的派生物,是自然之道发展到一定阶段的产物。名教出于自然之道,因此必须符合自然原则和人的本性。"圣人因其分散,故为之立官长。以善为师,不善为资,移风易俗,复使归于一也。"归于一即归于道、归于无、归于自然、归于人的本性。自然之道、自然之性,为名教的合理性提供了本体性依据。显而易见,王弼提出名教出于自然,并不是为了否定维护封建纲常的名教,而是为它寻找一个理论根据,力图从新的角度论证维护封建纲常之名教的合理性,以代替汉代神学目的论的理论基础。

宋明理学是指宋明时期的哲学思潮。理学强调"天理"的绝对性,是一种教导人如何遵从天理的学问。李泽厚指出,人性论才是宋明理学的体系核心。中国哲学的基本宗旨在于向生命处用心,以人生价值的培养为宗旨。宋明理学继承了这一传统,在超越前人理论的基础上,为人生境界的追求找到了本体论的依

---

① 引自张怀承著:《中国哲学发展史》,湖南教育出版社,2004年,第145页。
② 引自张怀承著:《中国哲学发展史》,第146页。

据。张怀承指出,理学的理既是本体论范畴,又具有认识论意义,同时又是道德伦理范畴。理既是世界的本原,又是最高伦理原则,在认识"理"的过程中,获得了培养人生境界的途径。在对天理的追问中,穷尽万物的根源,实现天人合一的境界。

在人性论建构层面,张载提出"天地之性"与"气质之性"的二重结构,破解此前性善论与性恶论的理论困境。其"太虚之气"哲学将天地之性溯源至宇宙本体,确立人性善的形上根据,而气质之性作为个体与生俱来的物质属性,在物我交互中可能异化为遮蔽本性的存在根源。基于此,张载设计出"闻见之知"与"德性之知"的修养双轨:前者作为感性认知建立在对客体的经验把握上,后者作为先验理性直接通达人性本源,二者结合推动道德修养臻至天人合一的至境。后继者二程提出"性即理也"命题,朱熹发展出"存天理灭人欲"的修养论,共同构建起以天理规范人欲的价值体系。理学的人生修养论既强调克己复礼的自我约束,又注重通过情感体验引导主体自觉趋向至善境界,最终达成个体生命与宇宙秩序的和谐统一。中国哲学传统中关于人性本体、善恶抉择、天理人欲的持续论辩,共同构成了人生价值论的核心话语。

总的来说,中国先秦诸子百家以及中国传统文化对人生价值的论述都是围绕着人性本体论,围绕着"扬善"还是"惩恶",围绕着"存天理"还是"灭人欲"这三个方面展开的。

(二) 西方社会的人生价值理论

1.古希腊时期的人生价值理论

古希腊文化对西方文化发展具有奠基性意义,雅斯贝尔斯将其定位为西方文化的"轴心时代",认为"古希腊哲学中已蕴含此后各种思想范式的原始形态"。因此,我们也可以把古希腊文明看成是西方人生价值理论产生、发展的源头。作为西方人生价值理论的源头,古希腊文明经历了从自然崇拜到主体意识觉醒的认知演进。在人类文明早期阶段,希腊人尚未形成明确的自我意识,人与自然处于原始统一状态,这种未分化的世界观通过自然崇拜得以体现,既反映人类面对自然时的生存困境,也表明当时尚未形成独立于自然界的人的概念,遑论系统的人生价值思考。随着生产力不断得到发展,社会开始有了分工,出现了阶级,也出现了人与人之间、人与社会之间的利益关系,人们在协调和处理这些利益关系的过程中,对人的地位问题以及人存在的意义问题的关注逐渐延伸为对人的价值问题的思考。人生价值本身成为人们要思考的价值思想之后,人们就开始进入了对人的价值问题长期探索和思想发展的过程之中。

古希腊早期哲学以探索世界本原为核心,早期哲学家兼具自然科学家身份,试图通过认知自然规律来阐释人生价值。"最早的希腊哲学家同时也是自然科学家。"①所以,人们总是通过对自然的认知来探究人生的意义与价值所在。赫拉克利特主张人生最高道德在于遵循自然法则,认为洞悉自然规律即达成真正智慧与至善,故人生价值应体现为追求真理而非感官享乐。关于幸福本质,其强调幸福不依赖肉体欢愉,指出若以物质占有或生理满足为幸福标准,则与牲畜无异,真正的幸福源于灵魂和谐,需通过节制欲望与生活调适实现心灵安宁。在价值实现路径上,赫拉克利特提出双重标准:一方面要求超越现象认知本质规律,即把握"逻各斯"的深层运行机制,"智慧不在于只认识事物的表面现象,而在于认识事物的本质和规律,也就是认识'逻各斯'(道)";另一方面主张通过节制增强精神力量,认为适度控制能提升快乐体验。对于生死问题,毕达哥拉斯构建灵魂转世理论,将灵魂区分为感性与理性部分,断言理性灵魂具有不朽性,可在肉体消亡后迁移他者。赫拉克利特则基于其宇宙观否定转世说,指出生死作为"逻各斯"的必然环节,与万物存亡规律相同,宣称"在我们身上,生与死始终是同一的东西"。受限于早期自然哲学认知水平,生死议题探讨呈现经验性特征,既包含理性思辨又夹杂神秘主义倾向,这种矛盾性为后世宗教世界观发展埋下思想伏笔。

古希腊早期哲学将人生价值与自然物质元素相关联,通过"水""气""原子"等物质性自然元素阐释生命本质,用自然法则替代神话解释构建世界观,标志着人类认知从神人混同向理性自觉的过渡。这一阶段虽将人生追求与真理认知结合,在"逻各斯"的理性框架内实现价值建构,但尚未确立人的主体性地位,仍从自然整体性中推导人生价值。

古希腊早期的整体自然观,虽对自然在人类生活中的意义做出了初步的揭示,却没有看到自然对人的意义是通过人而显现的,人的主体意识也没有产生。而要了解自然,首先应理解人自身。随着普罗泰戈拉提出"人是万物的尺度"及

---

① 全增嘏著:《西方哲学史》,上海人民出版社,2000年,第33页。

苏格拉底"认识你自己"命题的提出,哲学重心转向人类自身。就人生价值而言,苏格拉底构建了以知识为核心的价值体系;通过"美德即知识"的命题确立道德认知的基础地位,认为善行源于对善概念的理性把握,恶行则源于认知缺陷;将幸福与智慧直接关联,主张"德行完美有赖于知识获取"。柏拉图在此基础上构建理念论,指出幸福是"善"的理念的现实化,须通过超越现实世界的精神升华抵达真理境界。"这样在解脱了肉体的愚蠢之后,我们就会是纯洁的,并且和一切纯洁相交通,我们自身就会知道到处都是光明,这种光明不是别的,乃是真理的光。"[①]亚里士多德进一步发展了知识论,他写道:"遵循智慧的现实活动在合乎德性的活动中是最快乐的。哲学以其纯粹性和持久性,而具有无比惊人的快乐。"[②]认为思辨生活因其自足性而具备至善价值,追求智慧的过程本身即构成最高幸福。他认为一个人应关心自己的灵魂(心灵),一个把自己的灵魂和理智看作至高无上的人,自然能做一个有道德的人。在生死问题上,苏格拉底与柏拉图持灵魂不朽论,将理性灵魂视为永恒存在,主张通过心灵净化实现精神超越;苏格拉底和柏拉图在生死观上持灵魂不朽和灵魂转世说,认为理性灵魂是不灭的,要达到永恒需要保持心灵的纯净。这种生死观反映在他们的人生境界上即是其主张过一种节制的生活。亚里士多德虽承认死亡恐惧,但强调通过德性修养与种族延续达成超越。三者共同确立了理性主导的人生修养路径:苏格拉底与柏拉图主张以理性统摄欲望,建立"理智支配灵魂"的伦理秩序;亚里士多德则提出"中道"原则,强调通过理性选择实现德性平衡。这种修养方法将人生境界的完善与理性能力的提升紧密结合,构建起古希腊哲学从自然认知到人文自觉的完整脉络。

在古希腊中期,在苏格拉底、柏拉图至亚里士多德的哲学思想演进过程中,逐步构建了人类终极关怀的理论框架。该框架通过确立知识追求与人生意义之间的内在联系,揭示了古希腊人生活实践的深层结构。在这种理论指导下,古希腊人不仅深刻认识到自我与世界存在的奥秘,而且在日常生活中体验和感悟到生命的价值,寻找到精神的归宿,实现了心灵的满足。理性思维在这一历史阶段被确立为最高准则,其核心地位尤其值得关注,"把理性思维活动从无意识的原

---

① [英]罗素著,何兆武译:《西方哲学史》(上),商务印书馆,1981年,第143—149页。
② 引自苗力田著:《古希腊哲学》,中国人民大学出版社,1989年,第571页。

始深渊中提取出来,是希腊人的成就"。正如学者指出的,希腊文明的重要贡献正在于将理性认知能力从原始无意识状态中剥离并提升至主导位置。该时期的人生价值体系呈现鲜明特征:以知识体系构建作为道德实践的基础框架,运用理性能力作为衡量道德行为的根本尺度,从而形成以理性认知为主导的价值观系统。

在古希腊晚期,社会普遍处于战争与混乱状态,社会动荡不安,个体普遍采取自保策略,不幸与痛苦成为日常生活的常态。由于人生的不可预测性,在希腊文化中呈现出一种深刻的悲观主义色彩,悲观与失望情绪与追求及时享乐的观念并存,这种文化心态在人生境界的体现上,形成了一种以享乐主义为核心的人生观。就人生价值而言,由于"失去了一个面向外在社会的理想视角,于是就只能萦绕在对个体的生命的忧思、享受、自我安慰之中"去寻找人生的价值。[①] 因此,伊壁鸠鲁的人生价值理论聚焦个体生命范畴,主张以个体快乐为最高善。其理论指出,快乐作为与生俱来的终极价值,应成为人生追求的核心目标,幸福生活即快乐体验的持续状态,"幸福是一种快乐的体验","幸福生活是我们天生的善,我们的一切取舍都从快乐出发,我们的最终目标乃是得到快乐","快乐是幸福生活的始点和终点,我们认为它是最高的和天生的善"。[②]

伊壁鸠鲁明确将快乐区分为身体无痛苦与灵魂无干扰两个层面:身体基本欲望的满足构成生存基础,这种对肉体需求的哲学肯定突破了传统对肉身的贬抑传统;同时强调精神安宁的重要性,认为过度享乐与放纵并非真快乐,适度满足与消除灵魂困扰才是本质。在生死观上,伊壁鸠鲁主张灵魂随肉体消亡而湮灭,否定灵魂不灭论,以此消解人们对死亡的神性恐惧。其方法论强调审慎的实践智慧,主张通过理性权衡欲望与后果:自然且能带来快乐的欲望可追求,非自然或导致痛苦的欲望应舍弃;短暂痛苦若换取长久快乐则具有价值。这种价值判断体系既包含对现实利益的精算,也包含对精神境界的规约,构成其快乐主义人生哲学的完整框架。

综上所述,在古希腊晚期,尽管哲学家们所采用的论证起点与途径各不相同,但其最终目标却是一致的,均聚焦于探讨个人的道德处境,深入剖析在异族

[①] 郑晓江、詹世友著:《西方人生精神》,广西人民出版社,1997年,第76页。
[②] 引自苗力田著:《古希腊哲学》,第648页。

统治之下，个体如何寻求内心的宁静，维护人格的自主独立，从而实现有尊严的生活状态。伊壁鸠鲁所提出的以个体为中心的"快乐主义"，正是在这一独特文化背景之下产生的，进而形成了这一时期享乐主义的人生价值观。作为西方文化传统的源头，古希腊哲学不仅深刻地展现了认知理性的哲学核心，而且坚信人生价值的评判标准，在于个体在何种程度上发展了自身的理性能力，以及能在何种层次上以理性驾驭意志、欲望与情感。人的本性根植于理性之中，因此，人的本性自然趋向于善。"至善"代表着个体行为最大程度地符合其德性，它是人一切行动的终极目的，也是人性最为完善的体现。故而，在认知理性精神的指引下，从人与对象关系的角度进行审视，探讨真、善、美之间的内在联系，古希腊文化最终形成了以"由真至善"且"与理念融合"为人生价值追求的最终归宿。

2.文艺复兴时期的人生价值理论

近代西方哲学以文艺复兴为历史起点，其思想变革根植于封建制度瓦解与资本主义经济萌芽的社会转型。伴随意识形态领域的历史性转变，资产阶级人道主义从神学体系中剥离并确立主导地位，其理论根基在于资产阶级人性论建构。这一思潮将人性本质与个体价值确立为核心议题，引发对神权至上观念的批判性反思，转而强调人的主体性完美。当时思想家从灵魂与肉体的统一性出发，论证自然欲望的合理性，推演出人性本善及先天利己主义倾向等命题，进而构建起资产阶级人道主义原则体系。该体系主张人作为自然产物应遵循本性生存，将满足欲望与追求现世幸福视为道德生活的本质，确立个人意志自由为最高价值准则，认为人生根本目的即实现个体现实需求与感官愉悦。尽管文艺复兴时期的人道主义高扬人性尊严，但其论证路径仍通过重构人与上帝、尘世与天国关系完成，人的价值最终仍依托于神性万能论，这种理论架构随着资产阶级发展逐渐暴露其抽象性局限。

对人生价值问题的历史考察显示，尽管相关研究尚未形成系统的理论体系且未建立专门的价值概念，但历史上涉及"人是尺度"，"人是政治动物"及价值异化等议题的探讨本质上都指向人的价值本质。该领域研究主要直接基于人性特质及人作为存在物与物的本质差异展开价值分析，既关注人性特质对价值取向的深层制约，也重视人作为超越动物性的特殊存在所具备的实践能动性与主体性特征在价值生成中的核心作用。

(三)传统中国与西方社会人生价值思想的比较分析

不论是传统中国文化中生成的"由善至美"的"天人合一"的理想人生价值,还是古希腊文化中生成的"由真至善"的"与理念合一"的人生价值,追求真善美相统一的人生价值,这在中西方文化传统中是相通的。但由于坚持经验主义与理性主义认知理路的不同,中西方文化关于人生价值的生成方式存在着明显的差异性。

1.关于对真善美理解的比较分析

人生价值体现为个体在特定情境中对生命意义的感知状态,其内涵包含着真善美三个基本维度,对人生价值的追寻本质上即是对真善美的求索过程。真善美的不同文化意蕴,恰能揭示不同文化传统下人生价值观念的差异性。在经验主义与理性主义两种哲学传统的塑造下,先秦思想与古希腊哲学对真善美的理解呈现出显著差异。

第一,关于"真"的认知,古希腊哲学立足于认知理性精神,将"真"理解为"主客二分"框架下的"真实"或"真理"。在古希腊语中,aletheia一词原初指向"去蔽"过程,即事物通过自身力量支除遮蔽以显现本质;在哲学体系形成后,该词与人类认知活动结合,获得"真理"的现代含义。赫拉克利特明确提出"智慧在于说出真理"。相较之下,先秦哲学基于实践精神理解"真",道家将"真"视为人与自然同构的纯真本性,儒家则将"真"定义为道德修养中的真诚品质。

第二,关于"善"的界定,两种传统均认同"善"指行为符合伦理规范,但哲学基础存在差异。古希腊哲学将"善"与认知真理相关联,认为善源于真并统摄于真。苏格拉底提出"美德即知识",将伦理道德建立在认知理性基础上,主张善是最高真知。先秦儒家则将"善"植根于血亲宗法关系与人性本真,其实现既需对仁义礼智的认知学习,更需日常实践中的自觉践履。孔子"知之者不如好之者,好之者不如乐之者"(《论语·述而》)的论断,强调"善"是实践活动的产物,主张通过"克己复礼"实现仁德境界。

第三,关于"美"的理解,古希腊哲学从认知理性与主客二分出发,将美视为客体对象的愉悦属性,认为审美主体通过理性认知把握美。毕达哥拉斯学派以比例对称解释美,柏拉图则将"美的理念"视为美的本质根源。先秦哲学则从实践精神出发,将美理解为人生存的特定样态,其本质在于人际与天人关系的和谐统一,这种和谐能带来安适愉悦的心境。因此,先秦美学重点不在于探究对象之美的本质,而在于揭示实现人生之美的方式。孔子将美视为政治伦理活动的和谐状态,道家则从天人合一的维度界定美的存在方式。

2.关于生成路径的比较分析

在古希腊时期,西方文化倾向于将目光投向人之外的世界,寻求宇宙人生之最高真理与终极根据的价值取向,因此其对人生理想境界的追求体现为一种"外在超越"论。相对而言,先秦文化则立足于人性世界,通过日常行为中的内在自我提升,实现天地人一体的超越境界,其人生理想境界的追求表现为一种"内在超越"论。这两种不同的超越形而上学观念,指导了古希腊与先秦时期在人生价值生成与追求上的不同路径。

第一,关于价值生成的根源。古希腊哲学以人类主体性为基准,确立"人是万物尺度"的认知原则,主张通过主客二分的认知活动实现人生境界的提升,在对象世界的把握中确证生命意义。先秦哲学则将价值根源追溯至超越性的"道"本体,认为人生终极目标在于体认天道规律,但此"道"既非西方传统中可被理性完全解构的客观法则,亦非纯粹主观构造,而是兼具本源性与整体性的宇宙生命秩序。由此形成两种价值认知范式:西方传统以人类理性为价值量尺,中国传统则以天道法则为终极准绳,前者通过认知外物实现自我超越,后者通过返归本心达成天人贯通。

第二,关于价值生成的路径。中西方文化在追寻生存价值与精神提升时采取了不同路径,先秦理论在天人关系探讨中侧重道德实践与审美境界的圆融,形成了以"美"为统摄真善的价值体系;古希腊理论则通过解剖人类理智、情感、意志等心理结构追求来认知真理,构建了以"真"为统摄善美的知识架构。这种差异导致先秦文化缺失对人类内在心理机制的精细分析,而古希腊传统未能充分领悟天人同构的超越境界。

第三,关于价值生成的方式。古希腊人生价值论以理性主义为根基,将人生价值建立于理性能力的发展程度,通过理性对意志、欲望、情感的统摄来实现幸福境界。苏格拉底与柏拉图将追求智慧确立为人生价值,形成认知为主导的价值生成模式。先秦哲学则摒弃纯粹理性认知路径,其价值生成不依赖西方意义上的理性范畴,而以天道领悟为轴心。由于天道既非认知客体亦非逻辑对象,先秦哲学要求泯灭主体意识以体认宇宙大化,通过敬畏天道的态度培育德性,最终达成与天地相参的人格境界。这种差异导致两种文化在境界养成路径上的分野：古希腊传统侧重通过知识积累与逻辑推演提升认知层次，先秦传统则强调通过身心体悟与实践修养实现天道贯通，儒家"以德配天"与道家"与道同游"的主张均体现这种修养论特质。

第四，关于价值的践行方法。古希腊价值理论以理性普遍性为准则，主张以理性规范个体欲望，通过自我节制突破感性经验的局限，实现从个别性存在向普遍性人格的升华。这种精神转化以自制为起点，通过摆脱外物束缚达成内心自由，进而实现自我认知，苏格拉底"认识你自己"的命题即蕴含此义。柏拉图继承发展了这一路径，提出以理性统摄激情和欲望的具体原则，认为幸福在于通过理性引导获得节制、勇敢、智慧三德的统一，最终达成人生正义。先秦理论则强调通过持续修养实现天人合一，儒家主张以"存天理灭人欲"的道德实践完成生命超越，道家则通过"坐忘""心斋"等修养工夫臻至"逍遥游"境界，两种路径均指向内在德性的完满实现。

通过以上对中西文化中先秦与古希腊时期人生境界生成的认识，我们发现，中西方人生价值体系存在显著差异：西方传统以理性认知为根基，确立个体为价值尺度，但缺乏对"天人合一"终极价值的体认，导致人生价值的超越性追求停留于理论建构层面，缺乏切实可行的修养方法论。中国哲学则以"天道"为理论根基，强调个体通过道德体悟与内在修养实现价值升华，但这种非逻辑化的精神境界形成机制在理论阐释与传播方面存在客观难度。尽管先秦"尽善尽美"型人格理想与古希腊"至真至善"型人格理想呈现不同路径，但二者都确立了人格完善的终极价值目标，构成对生命存在的双重回应。这两种传统在当代视角下形成互鉴关系，其人格塑造理论为当代理想人格建构提供重要思想资源。

二、近代社会时期

相对于传统农业文明下的人生价值，工业社会的人生价值具有更大的现实意义。传统农业文明下人的生活目标有三种：一是对以土地为基础的生存安危问题的解决。这样的生活还停留在一种封建小农意识生存的状态里，对于生活中的自我存在的意义、自我价值的实现还停留在自发的形成中。二是对以家庭为基础的自我存在意义的追寻。对于人生价值取向，则由家庭延扩到社会中，即

"修身、齐家、治国、平天下","修身而后齐家,齐家而后治国,治国而后平天下",对自身的价值与意义的实现有了社会发展性的认识,人生价值的追寻由自发向自觉转化。三是对以伦理道德为核心的理想人格的追求。把人生的意义放在了个人理想人格的追求和完善上,坚持"存天理,去人欲",强调理想价值和人性存在状态的实现在于泯灭自我,符合天理的至善才是人生的理想境界。

(一) 新儒家的人生价值理论

"五四"启蒙运动后,部分知识分子以复兴儒学为核心诉求,尝试在儒家思想框架内吸纳西学成果以探索中国现代化路径,逐步形成现代新儒学思潮。该学派始终将价值重建作为核心关切,针对工具理性主导下人的异化危机与存在意义危机,展开形而上的本体论追问,试图从超越性维度重构现代人的价值根基。面对精神世界碎片化困境,新儒家主张回归终极关怀层面确立安身立命之本,既为传统文化寻求现代转化路径,更欲为现代人重建意义坐标。

例如熊十力沿着传统儒家哲学"天人合德"的思路,把"人德"抬到"天德"的高度,儒家伦理思想的核心"仁"在熊十力那里是本体的同义语,他认为"本心"本体是人生中价值的源头和评价真善美的尺度,人生以此为"安身立命"之道,就可以获得充实、高尚的价值感。梁漱溟在比较中西方价值观念时指出,"意欲调和持中"是儒家价值观的根本精神,他认为,无论是印度佛教"禁欲"的人生态度还是西方"纵欲"的人生态度都会导致人生的痛苦,只有坚持儒家中庸的人生态度,才能克服纵欲主义,挽救道德沦丧,解决人生意义问题。梁漱溟继承了传统儒家义利观中的非功利思想,甚至把"尚情无我"作为理想人格的最高概括。这些思想无疑对抵御人生价值功利化和极端个人化等问题有一定积极意义。张君劢承认科学对于人的精神生活的重要性,但他并未完全倒向科技理性或工具理性。他曾说科学是为人所用,而非人为科学所用,认为科学无论如何发达,人生价值问题的解决也不是科学所完全能承担的。这种思想无疑具有理论上的正确性,它否定了科学万能的神话,人的精神世界、价值世界不可能完全被科学技术所涵盖。刘述先认为,科技的进步带来了经济繁荣,刺激了人的消费需求,以致有些人把市场价值作为人生价值的唯一标准,人生价值在一定程度上被商品、金钱等扭曲了,儒家传统价值观中克制欲望、节制消费的观念对这些问题可以起到矫正作用。

新儒家的人生价值理论以冯友兰、唐君毅和方东美为主要代表。其中冯友兰构建的人生境界论最具系统性。该理论以心性论为哲学基础,依据个体对宇宙人生事务的认知与理解程度,将人生状态划分为自然境界、功利境界、道德境界、天地境界四个层级。冯友兰指出,不同文化教养与社会环境塑造了多样化的认知图式,由此形成境界差异的客观基础。在其文化哲学框架中,人性完善与本质深化被视为理性能力与文化积淀共同作用的结果,既强调儒家责任伦理对人格严肃性的塑造,又吸收道家超越精神实现精神超脱,主张通过双重价值资源的融合培育兼具超脱与严肃特质的理想人格。冯友兰认为:"儒家、墨家教人能负责,道家使人能外物。能负责则人严肃,能外物则人超脱。超脱而严肃,使人虽有'满不在乎'的态度,却并不是对于任何事都'满不在乎'。严肃而超脱,使人于尽道德底责任时,对于有些事,可以'满不在乎'。有儒家、墨家的严肃,又有道家的超脱,才真正是从中国的国风养出来底人,才真正是'中国人'。"①这种人格典范正是中国传统文化孕育的产物。冯友兰特别重视文化传承对人性塑造的决定性作用,但其文化视野主要聚焦于本土传统资源。该理论体系在继承宋明理学心性论传统的同时,借鉴新实在论等西方哲学资源,构建起融合中西的现代人生哲学,既实现传统生命哲学的形态更新,又保留了理性至上的价值取向。这种理论特质表现为双重面向:既通过境界论框架完成对传统人生哲学的创造性转化,又因贬抑情感维度、弱化历史实践维度而未能突破传统范式。

　　唐君毅作为现代新儒家代表,始终坚守道德价值本体论立场,主张人性本具的仁心实为一切价值创造的根源。在生命、心灵与境界的关联性上,唐君毅构建了"体-相-用"的三维架构:生命作为存在本体,心灵展现其本质属性,境界则体现为功能活动。其心灵哲学将认知活动解析为三个维度:纵观确立价值层级秩序,横观界定存在类别差异,顺观把握发展过程序列。通过心灵三观对存在本质、属性及功能的观照,发展出九重境界体系。该体系基于心与境的动态交互关系展开:客观境界包含万物散殊的个体界、依类形成的共相界及功能运作的规律界;主观境界涵盖感觉交互的感知界、观照抽象的纯粹理性界及道德践履的实践界;超主客观境界则包含一神信仰的超越界、空有双遣的解脱界及天德流行的本然界。九境构成生命存在的完整图景,展现心灵从自然状态经由认知提升至道

---

① 冯友兰著:《三松堂全集》第4卷,河南人民出版社,1989年,第331页。

德自觉的层级跃迁，超越了冯友兰自然、功利、道德、天地四境界的静态划分，形成动态交互的价值整体。唐君毅同时强调，生命存在不局限于道德维度，认知、审美及超越追求共同构成心灵活动的完整谱系，其境界论突破单纯道德框架，纳入知识论与美学维度，形成更完备的体系架构。然而作为新儒家，他仍试图以仁心本体统摄全部认知活动，将心灵结构解析为经验层、理性层与超越层的有机统一，但这种以道德理性为终极根据的架构，始终面临如何解释仁心本源的追问，其理论建构终究未能突破传统儒家心性论的内在局限，导致九境说的解释效力存在根本性限制。

当代中国哲学家方东美曾说过，哲学不能烘面包，但是能使面包增加甜味。就是说，哲学或许不能给人带来什么实际的功用，但是，它能让人的生命活动获得某种意义。他把人生价值依次分为物质境界、生命境界、心灵境界、艺术境界、道德境界和宗教境界。人们对物质境界、生命境界、心灵境界的追求是一种对自然世界的追求，因而人的这种境界是一种形而下的境界。在形而下境界中生活的人有健康的身体，有伟大的生命活动力，有丰富的知识，这种人也仅仅是"自然人"，他可以开辟出一个自然世界，创造丰富的物质文化，但也只是自然世界，不能构成有意义、有价值的世界，这个世界也就因此是价值贫乏、失去了意义的世界。方东美认为，人的生命精神还要向上提升，超越自然世界而进入形而上的境界。形而上境界有艺术境界、道德境界和宗教境界。在艺术境界里既可表现美也可表现丑，因而还不是完美的生命领域，要成就高尚的精神人格，还必须进入道德境界，方东美认为由道德境界再进入宗教境界是情理之中的事。在宗教境界中，"有最高的智慧、有最高的精神，发而为生命，而这一个生命旁通一切人类、一切物类的生命，一体俱化，成就最高的精神价值。一个从物质世界、生命境界、心灵境界、艺术境界、道德境界层层提升，到最后他就成为真正的大人"①。这种人格经层层提升而达至善至美，但这并不是方东美人生价值追求的终点，其人生哲学的目标是使生命精神回到现实生活中，使人的意义和价值追求不外在于现实生活，而是与现实生活融为一体。因而相对于西方哲学将人的生命精神划分为截然对立的现象界与本体界，造成事实与价值的隔离来说，方东美的人生境界说却具有将事实与价值、主体与客体二者统摄在一起的长处，同时其"回归

---

① 引自罗卫平：《论方东美的生存哲学》，《湘潭工学院学报》2002年第1期。

现实生活"的境界较之传统儒家人生境界的"趋向虚无"也前进了一步。但他的人生境界也只是从人的意识出发,以"情"和"理"作为手段来沟通形下境界与形上境界,把人的境界提升只限于人的意识领域的个体的道德修养,这些都是不合理的。因而他的人生价值理论也和传统儒家人生哲学一样是抽象的,是与现实的、历史的人相分离的人生价值。

(二)启蒙运动时期的人生价值理论

16世纪末至17世纪西方思想领域发生的根本性变革体现为资本主义的兴起与发展,但封建主义向资本主义转型所需完成的反封建与反宗教历史任务,直至18世纪法国大革命期间才由法国资产阶级最终实现资本主义制度对封建制度的决定性胜利。这场深刻的社会变革与其思想准备密切相关,特别是18世纪法国启蒙运动在意识形态领域发起的文化革新运动。启蒙运动以理性至上为思想武器,对封建专制体制与宗教神学体系展开系统性批判,其理论根基主要建立在机械唯物主义哲学框架之上,通过强调物质运动的客观规律性为理性批判提供本体论支撑。

由于受到牛顿经典力学的深刻影响,机械论的思想在相当程度上影响了法国唯物主义者。他们将自然科学中的力学原理运用到一切领域,用机械运动来解释所有形式的运动,于是,思维方式的机械性和形而上学性就成为了"当时不可避免的局限性"[①]。他们在对人类社会历史的认识方面以人性论作为理论基础,提出了"人是环境的产物",而环境的好坏则取决于掌管政府和制定法律的人的才智,这就陷入了英雄创造历史的唯心史观。

伏尔泰作为启蒙主义代表,基于怀疑论立场否定形而上学问题的可知性,主张理性认知应聚焦自然与人的客观存在。他采纳孟德斯鸠"一切实体都有它们的法"的命题,区分自然法与人法体系,特别强调自然法作为人类社会规则的基础性地位。他认为自然法是先于成人法而存在的,是人法的基础,因为人作为自然实体本身也是要受到自然法约束和支配的,而同时人作为理智实体所具有的有限性在自然法的规则面前是非常局限的。伏尔泰根据这一思想,提出在人类社会发展中,人类的幸福、社会的规则是以"自爱"为手段而维系的。他说:"没

[①] 《马克思恩格斯文集》第4卷,人民出版社,2009年,第282页。

有自爱心,社会就不可能形成和继续存在……正是我们对自己的爱,助长了对他人的爱……自爱告诉我们要尊重别人。"①在伏尔泰的视域中,自然赋予人的这种自爱,通过进一步完善而构成了人类文明的基础,人之所以能够获得持续发展和进步,乃是在于人们拥有"希望"这个"最可贵的宝库"②,但是人不会仅仅停留在对未来希望的虚幻想象中,而必须通过实际行动来满足自己的需要并获得相应的发展。伏尔泰提出:"人类为行动而生……对于人来说,绝对无所事事和不存在是等同的。"③在这里,伏尔泰已经明确认识到现实的行动对于人的存在与发展的重要意义,只有行动起来,在具体的行动中,人才能称之为人,才能实现人的自我发展。这是启蒙运动中对人的价值问题的一个重要认识。

18世纪法国唯物主义在启蒙运动中起着极为重要的作用,是启蒙运动发展过程中的重要阶段。在对"人是什么"这一哲学问题方面,作为18世纪法国唯物主义第一人的拉·梅特里(La Mettrie)的机械唯物主义思想尤为值得一提。拉·梅特里继承了笛卡尔(Descartes)"动物是机器"的思想,并进一步将之引申并发展成为"人是机器"的思想。他从机械唯物主义角度出发,认为人与世间万物没有什么本质的不同,都是由同样的"面粉团子"构成,只不过构成人的这种面粉团子比构成其他事物的面粉团子更为精细而已,自然没有用不同的面粉团子来造人,只是以不同的方式变化了这面粉团子的酵料。他进一步提出,人类的心灵依赖于身体各器官的运作,并与身体共存共亡。心灵活动以人体感官对各种刺激的接收为先决条件,即感觉能力是心灵功能发挥的基础。尽管拉·梅特里坚持以机械唯物主义来阐释人类心灵,尤其是提出"认识机器"这一概念,其存在显著局限性,但他将对人类心灵及精神活动的解释建立在物质基础之上的方法,相较于先前的唯物主义理论,具有一定的进步意义。

三、现代社会与人生价值

19世纪中叶西方自由资本主义向垄断阶段过渡,经济危机周期性爆发、殖

---

① [法]伏尔泰著,高达观等译:《哲学通信》,上海人民出版社,2005年,第146页。
② [法]伏尔泰著,高达观等译:《哲学通信》,第149页。
③ [法]伏尔泰著,高达观等译:《哲学通信》,第150页。

民扩张政策日趋残酷、国际战争频发等现实暴露出资本主义体制的深层矛盾。资产阶级思想家曾描绘的"理性王国"图景在垄断资本与帝国主义实践中彻底崩解,其倡导的自由竞争原则被卡特尔、辛迪加等垄断组织扭曲,对海外市场的掠夺式开发取代了平等贸易理念。齐格蒙特·鲍曼借用化学领域"流动"概念阐释现代性特征,指出这种社会形态具有双重运作机制:在价值建构层面,现代性确立了个人权利不可侵犯、理性主义思维范式、市场经济资源配置方式及民主政治制度框架等核心要素,这些制度设计在法律层面确证了个体自主性,在经济领域推动了生产效率飞跃,在政治层面构建起代议制政府体系。但在价值实现层面,现代性进程伴随着严重异化现象——对效率的极致追求导致人文关怀缺失,工具理性压倒价值理性,市场逻辑渗透社会生活各个领域,这种发展模式最终引发鲍曼所批判的"道德谋划失效",即现代性承诺的自由平等与现实中的阶级固化、殖民剥削、环境破坏形成尖锐对立,要求对现代性价值体系进行根本性反思与重构。

对"现代性"的质疑、批判和与之的博弈早在19世纪已然形成,甚至可以说,这一反思与现代性观念的产生是同步的,且这种对峙和博弈有时还十分强烈。如果说卢梭关于"社会进步"观念的反思可视为现代性批判理论的一种先兆,那么在麦金太尔看来,现代性的问题源于15—17世纪古典传统的消失,自由主义以理论的形式颠覆了亚里士多德传统。麦金太尔以毋庸置疑的口吻宣称自"启蒙运动"以来的现代性道德谋划已经彻底失败。在当时,以麦金太尔等为代表的社群主义走向了前现代主义,以鲍曼等为代表的研究者则走向了后现代主义,他们提出了抛弃现代性的方案。而吉登斯认为"那种主张现代性正在分裂和离析的观点是陈腐的","我们实际上并没有迈进一个所谓的后现代性时期,而是正在进入这样一个阶段。在其中现代性的后果比从前任何一个时期都更加剧烈,更加普遍了"。[①]"后现代性可以看作现代性的一个新的阶段。"[②]哈贝马斯也持有相似的观点,认为"现代性仍然是一项没有完成的谋划"。吉登斯和哈贝马斯无疑认识到了现代性理论的双面性,我们无可选择地生活在一个经由现

---

① [英]安东尼·吉登斯著,田禾译:《现代性的后果》,译林出版社,2000年,第135页。
② [英]安东尼·吉登斯著,赵旭东译:《现代性与自我认同》,生活·读书·新知三联书店,1998年,第47页。

代性"谋划"的价值世界中,离开了现代性语境下的现实状况,人的历史命运将根本无法得到真正的理解。因此,本书对现代性的人生价值观提出"现代性内部批判",既不秉持以麦金太尔等为代表的研究者所提出的走向前现代主义的理论,也不秉持以鲍曼等为代表的研究者所提出的走向后现代主义的主张,而是认为"现代性仍然是一项没有完成的谋划",现代性作为人类文明和文化进步的必然成果,具有不可避免的历史必然性,一项没有完成的谋划不仅表现在其生长过程的不完善或存在诸多缺陷上,还表现在它作为一种新的、普遍的价值理论所蕴含的理论资源的潜力上。

现代性并非一种终极的成就,而是在承认其历史合理性的基础上,我们应对现代性进行相应的批判与修正,即进行内部的批判。对于现代性的人生价值方案,我们一方面需持续对现代价值观教育中所体现的知识化、私人化、工具理性主义倾向进行批评;另一方面,现代性方案作为文艺复兴、启蒙运动以来的产物,尽管存在深层问题,但启蒙思想所孕育的现代文明亦有其辉煌成就,现代人生价值本身蕴含着美好的价值构想,其中自由、权利、平等、民主、正义、理性等现代意义元素得以体现。针对理性过度发展引发的人性异化危机,19世纪末至20世纪初的文化哲学家致力于弥合现实存在与生命意义之间的断裂,试图构建以生命本体为核心的哲学体系。这一时期,以"非理性主义"为特征的人本主义思潮兴起,涵盖价值哲学、唯意志论、生命哲学、存在主义等多个流派,这些思想流派从不同维度探讨了人类价值与生命意义的本质。其中,生命哲学派明确将生命视作人类价值存在的本质、超越性发展的过程及终极意义的载体,其理论主张成为该时期价值重构运动的重要组成部分。各学派虽路径各异,但均围绕人性异化问题展开批判性反思,试图为现代文明重新确立价值根基。

(一)现代社会下的人生价值虚无

虚无主义概念源自拉丁语"nihil",核心内涵是否定世界及人类存在的意义、目的与客观价值。尽管作为颓废价值取向的虚无主义自古存在,但始终局限于个体化人生反思层面,未形成系统性价值危机。直至现代性进程,尼采首次揭示价值虚无主义作为根本性危机:随着超感性世界价值体系的崩塌,人类陷入信仰真空,从传统神学依托转向价值判断的迷茫状态。最高价值失效导致价值标准模糊化,催生价值相对主义困境,具体表现为:传统高尚价值被世俗化取向解构,正确价值导向遭受虚无化侵蚀；生命意义从既定价值框架解放后，个体面临信仰缺失或沉溺物质享受而规避精神追求的生存困境；价值判断失去稳定基准，相对主义盛行会引发群体性认知混乱。

人类文明发展本质是价值观的嬗变历程，充满价值冲突与重构。价值虚无作为现代性特征，深刻影响价值评判机制。态度作为价值认知的外化形态，反映个体对人事物的立场选择，其形成受个性特质与环境因素交互作用，但需经主体认同才能产生实际效应。尽管现实情境的复杂性可能导致态度的动态变化，但个体价值态度仍具有相对稳定性。社会政策公平性、利益威胁感知及人际冲突等外部条件，均可能通过引发负面情绪改变个体态度。鉴于价值观在个体存在与社会发展中的核心地位，本文主张：一切虚无主义现象本质上是价值观的异化呈现，而人生价值的虚无化构成虚无主义最深刻的本质特征。

1. 人生无意义

意义是精神生活的核心。人们不仅需要物质满足，还要追求理想、愿望和宏伟目标。生活意义的构建与个人条件和超越性理想相关，是连接现实与未来的桥梁。当愿望未实现，理想动摇，信仰瓦解时，个体可能感到虚无。意义的产生基于实践，是生活的精神性基础。缺乏意义感会导致心灵空虚，个人可能不清楚生活目标，感到无所事事。个人奋斗可能因对善恶、是非、对错标准的怀疑而动摇，这种动摇源于生活的变化。"一般而言，日益加快的变化步伐倾向于降低任何一次特定变化的意义。新的东西不再是新的。"[①]最终所导致的"结果是，旧和新、建设和破坏、美和丑在经过相对化之后，都变成了近乎无意义的范畴"[②]。以往非常重视和遵守的规则，现在开始怀疑它的适用价值，对价值观念的普遍性和永恒意义的信仰发生动摇，传统价值体系崩溃，对价值判断的有效性和权威性发生怀疑乃至否定，无意义感是现代性的疾患之一。

2. 人生方向迷失

当传统信仰体系遭遇科学理性与消费主义的双重解构，个体生命失去终极意义的参照系。技术革命与资本逻辑共同塑造了即时性生存模式：短视频算法

---

① ［美］马泰·卡林内斯库著，顾爱彬、李瑞华译：《现代性的五副面孔》，商务印书馆，2002年，第158页。

② ［美］马泰·卡林内斯库著，顾爱彬、李瑞华译：《现代性的五副面孔》，第159页。

制造多巴胺快感,零工经济解构职业规划,社交媒体呈现的碎片化成功叙事催生普遍焦虑。这种生存状态在存在论层面表现为:时间体验被切割为即时满足的片段,空间感知囿于屏幕方寸之间,人际关系沦为数据交互。如后现代思想家米歇尔·福柯所说,人是短命的历史化身,有如沙滩上的足迹,浪涛打来便会荡然无存。① 当历史进步神话破产,个体生命成为无根的浮萍,既无过去传承的厚重,亦无未来承诺的牵引。"假如世俗的意义系统已被证明是虚幻,那么人靠什么来把握现实呢?"②享乐主义从边缘亚文化升格为主流生活方式,游戏化生存渗透各领域,工作伦理让位于体验经济。正如瑞士宗教思想家汉斯·昆所说,在现代西方社会,"一种定向危机正在蔓延着,狭义上来说,许多年轻人的失意、恐惧、吸毒成瘾、酒精中毒、艾滋病、犯罪行为与这种定向危机有关;从广义角度来看,政界、经济界、工会及社会上的最新的丑闻也与这种定向危机有关"③。青年群体在虚拟与现实间游移,既拒绝父辈的价值承诺,又无力构建新坐标系;社会精英陷入存在主义迷茫,其决策失范折射出价值真空的深层危机。

3. 人生挫败

挫败感,即个体在遭遇困境时所表现出的消极情绪,包括心灰意冷,对自身未来失去信心,甚至对生活产生绝望,且无力解决社会落差等问题。在剧烈的社会变革时期,社会边缘群体面临生存挑战,处境艰难,产生强烈的焦虑、失望和挫败感。生存问题不仅关系到人的尊严和基本权利,还影响个人的社交地位和生活质量。当现代性所承诺的美好愿景与人们追求幸福生活的愿望被现实击碎时,挫败感便自然产生。挫败感作为一种强烈的负面情感体验,对个体生活具有深远的负面影响,但社会对此的关注和重视程度却相对较低。随着社会的持续发展,社会成员的心理健康问题愈发凸显。例如,社会弱势群体因看不到希望而感到命运不公,对幸福生活的期待变得遥不可及,可能导致自我放弃、随波逐流,甚至采取极端行为,危害他人和社会的安全。因此,挫败感的产生极易引发严重的社会问题,影响社会稳定与和谐。

---

① 引自[美]丹尼尔·贝尔著,赵一凡、蒲隆、任晓晋译:《资本主义文化矛盾》,生活·读书·新知三联书店,1989年,第99页。

② [美]丹尼尔·贝尔著,赵一凡、蒲隆、任晓晋译:《资本主义文化矛盾》,第75页。

③ [瑞士]汉斯·昆著,周艺译:《世界伦理构想》,香港三联书店,2002年,第12页。

挫败感可进一步细分为个体和群体两个层面。个体层面的挫败感通常与个人特质相关,如意志薄弱、信念缺失、缺乏理想、心理脆弱等。面对外部挑战,个体可能产生深刻的挫败感,导致心理状态恶化,威胁到对生命意义的理解,还可能激发非理性情绪。群体层面的挫败感则与政策不公、制度缺陷或重大事件相关。在西方现代历史中,两次世界大战的惨烈后果摧毁了人们对美好未来的憧憬,加剧了挫败感。这不仅导致生活失意,还引发了非理性主义情绪的兴起。二战后悲观主义思潮的兴起,正是这种情绪的集中体现。

综上所述,挫败感是民族发展中的重大精神障碍,也是导致心灵创伤的根源。现代化发展过程中不断扩大的贫富差距、社会分配不公以及政府官员的腐败等问题,加剧了普通人的挫败感和对未来的失望。从尼采的"上帝死了"到"哲学死了"和"人死了"的悲观论调,都预示着社会挫败感的加剧和现代化负面影响的扩大。

4. 人生幻灭

所谓幻灭感,乃是一种希望破灭后的绝望情绪体验。当个体遭遇生存承诺的集体性破产,曾经固化的意义体系在技术理性与资本逻辑的双重解构下崩塌,这种认知断裂直接催生存在性绝望。马歇尔·伯曼笔下"一切坚固之物烟消云散"的现代性体验,恰是价值虚无的典型症候——当社会时钟从机械纪年转向算法计时,个体生命被切割为可计量的数据片段,传统价值坐标系在数字洪流中彻底失效。叔本华"所谓人生就是任凭造物者在痛苦和倦怠之间抛掷"的论断,在当代获得新的诠释维度。消费社会制造的虚假需求承诺,将人生价值简化为符号累积游戏,而当绩效神话遭遇经济危机、当职业成就遭遇算法裁员,瞬间崩塌的不仅是物质基础,更是支撑个体存在的意义框架。这种幻灭感表现为精神能量的持续耗散,既无法投入现实行动,又难以维持自我认同,在存在主义式的"被抛"状态中体验着宇宙尺度的疏离感。

弗洛伊德曾说过:"当一个人追问生命的意义和价值时,他就得病了。"[①]从某种意义上说,这个结论是有道理的。因为有了对意义的思考和追求,个人的虚无情绪才会产生。个人幻灭感的形成,多与社会的剧烈动荡和转变有关。在社

---

① 引自[美]艾温·辛格著,郜元宝译:《人们的迷惘》,广西师范大学出版社,2001年,第2页。

会的治与乱、新与旧、守旧与变革等过程中,历史的过渡期容易引发人们的歇斯底里情绪。因为在这种转折点上,不同的价值观和参照系统的比较和对照异常明显,两种不同的极端,很容易刺激人们脆弱的心理和神经,导致个人内心深处的剧烈价值冲突,容易引起幻灭感的产生。例如,思想家叔本华就说过:"一个有思虑而正直的人,当他濒临人生终点的时候,一定不希望再度生于此世,反而宁愿选择完全的虚无。"①这是因临终体验而产生的幻灭感,一切皆空,一切都会在瞬间化为乌有,所以尘世间没有什么值得留恋的东西。一切有形的东西皆为幻觉。由于幻灭感的形成,一些人看破红尘,在生活中不拘小节,放浪形骸,背弃生命。此时对他们来说,虚无成为一种最好的自我解脱方式。

综上,在探讨人生价值的问题时,无论是表现出悲观失望,还是沉溺于享乐、玩物丧志,均为缺乏理性认识人生的非理性表现,同时也体现出对人类未来与前途的丧失信心。此种心态的背后,是怀疑主义与相对主义在起作用。例如,中国历史上的老庄哲学,消极避世,崇尚个人心灵的自由;魏晋玄学时期的清谈之风,任性放诞;杨朱所崇尚的享乐哲学,"拔一毛而利天下者,不为也"等,都是这种价值观的典型表现。现代社会里,追逐时尚享受,购买奢侈品,沉迷于歌舞场所,各种放荡不羁的行为态度,以及信奉"没有规则,只有选择"的观念,什么都行的想法和做法,构成对科学的人生理想和价值追求的严重侵蚀。

(二)现代社会人生价值的争论热点

长期以来,就人生价值争论热点的消极错误方面,主要有"二元论"价值观、"价值中立论""价值唯我论"。而实际上,这些观点在理论方面失之偏颇,在实践方面相当有害,应当受到批判,予以根本清除。

1."二元论"价值观不可取

"二元论"价值观将人生价值的社会属性与个体属性对立为两个独立实体,这种价值取向源于哲学史上的二元论思想传统。该理论体系否认社会价值与个人价值的有机统一性,主张二者处于平等并列关系,实质是对马克思主义"两点论与重点论"的背离。人生价值本质上是社会价值与个人价值的辩证统一体,二者相互依存、相互促进。社会价值作为人生价值的核心维度,体现着个体通过

---

① [德]叔本华著,李成铭等译:《叔本华人生哲学》,九州出版社,2003年,第276页。

社会实践对人类文明发展的贡献程度,其实现过程必然包含着个人价值的确证。当代中国青年的人生价值必须在服务中国特色社会主义事业中得以实现,这种价值实现机制具有双重性,社会价值创造为个人价值提供物质基础与精神滋养,个人价值实现则通过主体能动性推动社会进步。但必须明确,社会价值在价值体系中具有主导地位,这不仅体现在价值创造的规模效应上——社会价值总量恒大于个人价值总和,更体现在价值评价的客观标准上——社会历史进程构成衡量人生价值的终极尺度。脱离社会价值实现空谈个人价值,本质上是否认人的社会本质;而将个人价值凌驾于社会价值之上,则必然导致价值评价的主观主义倾向。历史唯物主义视角下,任何企图割裂社会价值与个人价值联系的价值理论,最终都将陷入唯心主义窠臼。

2. "价值中立论"不成立

价值中立论由马克斯·韦伯系统化构建,其理论演进历经实证主义阶段、方法论体系化阶段及当代西方理论重构阶段。该主张自20世纪80年代引入中国后引发持续争论,其核心是要求研究者保持方法论的客观性,主张在确定研究对象后,通过全面收集资料进行客观描述与逻辑分析。赵一红界定其为"唯客观主义方法论原则",即研究者选定课题后,需排除主观价值判断进行纯粹经验研究,无论结论是否与既有价值观冲突。

在早期实证科学及现代西方思潮中,这种技术性规范对自然科学研究具有工具合理性,但将其移植到社会领域存在根本缺陷。社会现象本质上是事实要素与价值要素的复合体,研究者无法像处理自然对象那样剥离价值维度。例如,价值中立论者如何评价三名大学生为救一名落水儿童而牺牲的事件。他们可能会具体分析儿童已经消耗的各种成本和未来可能产生的社会效用,并与三名大学生所消耗的成本和即将产生的社会效用进行对比,从而得出结论。然而,他们可能忽视了事件的另一层面:人间有真爱,大爱暖人心!无论是人生价值的本质属性还是评价标准,都带有个人价值取向和社会价值取向。社会价值取向高于个人价值取向,人生价值不应中立,而应始终以社会价值为先。

3. "价值唯我论"应摒弃

价值唯我论作为西方哲学谱系中的主观唯心主义分支,其理论内核建立在"唯我独存"的认知框架之上。该立场主张仅有个体心灵具有可验证性,而外部世界与他者心灵的存在性均无法被确证,本质上属于唯心主义形而上学范畴。

贝克莱的主观唯心主义被公认为其思想源头,在价值维度上形成以个体为中心的价值体系。社会领域中,价值唯我论将个人目的置于绝对优先地位,视他人与社会为工具性存在;经济领域主张私有财产权的神圣不可侵犯;政治领域要求个人权利的绝对自由化与平等化,反对任何制度性约束;文化领域则呈现对人类本质与社会文明进程的解构倾向。

价值唯我论在一定程度上揭示了物质生产资料日益丰富的当下,不同主体利益的复杂化趋势。人们在追求物质利益的过程中,往往忽视了他人、社会利益以及自身的社会价值,导致对人生价值的认识出现不足和偏差。特别是在市场经济的冲击下,利益多元化和价值主体化趋势愈发明显,持价值唯我论观点的人数不胜数。这种人生价值观念带来了诸多消极影响:在社会中,它助长了极端个人主义,催生了拜金主义和享乐主义;在经济活动中,它过分强调功利主义,导致诚信缺失和道德失范,如造假、售假等行为损害消费者利益;在政治生活中,忽视社会法律制度,推崇极端自由主义,对社会和谐稳定构成威胁;在文化生活中,推崇享乐主义和低迷的价值取向。因此,树立正确的人生价值观念,不仅有助于实现人的全面发展,而且对于现代文明建设目标的实现也具有重要意义。

第三章 现代社会人生价值理论的不同维度

人生价值理论作为人生认知成果与精髓的内化体现,是个人道德修养与人生发展历程的反映,同时也是人类作为文化存在的重要标志。自古以来,无论国内还是国外,众多关注人生哲学的思想家们均从不同视角对人生价值的内涵进行了描述或深入探讨,其中西方思想家的贡献尤为显著。因此,从历史与现代的视角出发,对人生价值理论的研究进行简要的梳理与总结,显得尤为必要。

一、哲学维度

(一)唯意志主义的人生价值理论

唯意志主义哲学将生命问题确立为哲学研究的核心命题,其理论根基在于通过个体生存现象揭示超越生命有限性的可能性路径。该学派始终以个体生存为逻辑起点,既承认人类存在的时空局限性,又致力于从这种有限性中建构通达永恒领域的认知桥梁。其理论突破口建立在对生存体验的哲学诠释之上,典型表征为尼采提出的酒神式陶醉体验——在这种极端化的生命体验中,主体意识实现与肉体存在的暂时剥离,形成生存状态与生命本质的区分。这种区分实质指向本源生命意志与个体生命现象的关联性命题:当唯意志主义探讨生存意义时,其理论触角已延伸至更原始的生命本体论层面。实现这种哲学穿透性的根源,在于人类作为存在者的特殊属性——其意识结构蕴含着突破现实界限的潜能,这种潜能通过生命意志的强化得以实现从现象存在向本体存在的超越。

1.叔本华:生存意志

叔本华的唯意志主义哲学直接对抗十九世纪欧洲以黑格尔为代表的理性主义传统,其非理性主义认识论将哲学研究重心从抽象概念转向个体生存本体论。

该理论突破西方哲学自柏拉图以来的理性中心主义框架,确立意志作为世界本质的哲学立场,主张人的存在状态构成哲学研究的核心对象。在方法论层面,叔本华摒弃传统唯物唯心的对立框架,提出"世界是我的表象"与"世界是意志"的双重论断:表象世界依赖主客体相互构成,而意志作为盲目生存欲求,才是贯穿人类生理结构与行为活动的终极本体。

《作为意志和表象的世界》一书全面地阐述了叔本华唯意志主义的哲学观,西方传统的思路是,要么认为世界不依赖于主观而存在,要么认为世界完全依赖主观而存在。但叔本华的思路完全跳出了唯物或是唯心的窠臼,指出了另一条道路。叔本华的第一个论断是:世界是我的表象。意思是世界其实由主体和客体相互依存而存在,两者"存则共存,亡则俱亡。双方又互为界限,客体的起处便是主体的止处"①。二是"世界的本质是意志",意志即生存意志,一种盲目冲动的力量,一种不断产生欲求的力量。一个欲求被满足了,又有新的欲求,生生不息。所以,生命意志的本质就是痛苦。在叔本华看来,现实世界所有的现象都是意志的客观化,包括人的生理特征和身体结构也都是意志的产物。在人的生活中,意志无处不在、无时不在,即使在人睡觉的时候,意志也仍然活跃着。叔本华认为,意志和感性、知性是一切表象存在的来源,它们是两种完全不同的形式,意志和感性、知性之间没有任何因果关系。意志活动与思想活动不同,思想的活动属于表象,而意志活动则是通过行为活动让人感知到它的存在,它是盲目的、无法抑制的、不可克服的、永不停息的冲动和欲望,是一种非理性的欲求。在他看来,人的这种欲求和冲动源于缺乏和对现状的不满,但是现实生活中又永远得不到满足,因此现实有如梦境,人生充满痛苦,这痛苦就是生存意志的本质。叔本华认为,摆脱人生的痛苦有两条途径,一种是通过艺术的审美、哲学的沉思或者道德的同情,进入一种非功利性的境界。但是艺术对于人生的痛苦只有暂时的拯救作用,若想要永久性地摆脱痛苦,就要走另外一条彻底否定生存意志的禁欲主义之路。叔本华认为,人们终其一生都试图在解除和摆脱人生的痛苦与苦难,往往在生命快要结束的时候才会明白,自身赖以生存的世界和孜孜追求的欲望都是虚幻的泡影。叔本华为生存意志寻找的最终归宿就是走向生命的虚无,哲学界也因此将叔本华哲学归为悲观主义哲学和虚无主义哲学。

---

① [德]叔本华著,石冲白译:《作为意志和表象的世界》,商务印书馆,2009年,第56页。

以下五个方面构成了叔本华人生哲学的主要内容。

第一,叔本华将人生价值的本质归结于意志现象及其引发的痛苦体验。他认定生存意志与生殖意志构成人类存在的双重内核:前者通过持续的生命欲望维系个体存续,后者借助肉体本能确保物种延续,二者共同形成不可消解的生命驱动力。当意志实现客体化最高形态时,人类理智得以产生,但这种认知能力反而暴露出意志的非理性本质——理智越发达,对生命必然消亡的觉知就越清晰,而意志的盲目性与此形成根本冲突。人类所有行为本质上都是生存意志的具象化表达,但死亡终局使这种挣扎注定陷入虚无,由此产生存在论层面的根本痛苦。在叔本华看来,正是认识到了这一事实,人生之路才因此充满了无尽的痛苦。"生物愈高等,意志现象愈完全,智力愈发达,烦恼痛苦就愈显著。"[①]叔本华的这个论断进一步印证了他智者劳心的观点,他认为,越是有知识、有智慧的人,他的痛苦和烦恼就会越多;天才就是这样的一种人,他们是世界上最痛苦的人,这种极端的、常人无法忍受的痛苦让天才拥有了最佳的创作灵感,成就了天才的创作。

第二,叔本华将人生价值置于意志哲学框架下解析,认为人类生存本质是意志客体化的痛苦过程。意志作为盲目的生存欲求,驱动个体陷入永续的匮乏状态,未实现的欲求引发直接痛苦,暂时满足后随即产生新欲求,形成"欲求-痛苦-新欲求"的恶性循环。这种循环具有双重否定性——既否定当前状态(因不满足而痛苦),又否定未来可能(因欲求永续而绝望)。在叔本华看来,人生价值无法通过欲望实现获得,因欲望本质即痛苦根源,每个欲望满足都只是痛苦转换形态的临时中继站。个体在欲望驱动下不断追逐,实则是在痛苦的不同表现形式间永续循环,这种循环构成人生价值的根本困境:意志越活跃,痛苦越深刻,而抑制意志又意味着否定生命存在本身。

第三,叔本华认为个体行为本质是意志驱动的欲望实现过程。在叔本华看来,意志作为本体论层面的生存驱力,通过差异化表象形成个体独特的欲望结构。这种欲望结构具有排他性特征即"每人都想一切为自己,要占有一切,至少是控制一切,而凡是抗拒他的,他就想加以毁灭。"[②]当这种利己主义倾向成为普

---

① [德]叔本华著,石冲白译:《作为意志和表象的世界》,第99页。
② [德]叔本华著,石冲白译:《作为意志和表象的世界》,第455页。

遍行为准则时,人际关系必然陷入零和博弈状态——个体试图将他人客体化,通过支配、掠夺或消灭他者意志来实现自身欲望最大化。这种意志冲突在现实层面表现为资源争夺、权力斗争与社会对抗,构成人类历史持续动荡的根源。叔本华由此断言,以自我保存为终极目标的价值体系,本质上将人生推向永恒的冲突剧场。

第四,人生自始至终就是悲观和绝望的,欲望和迷幻支配着人的行为并且带给人们痛苦,可是一旦人停止追求欲望,生存立即显得空虚和荒芜。叔本华认为,人生是一场无止境的悲剧,尽管某些环节显示出了喜剧的特点。人生的幸福和快乐总是短暂的、瞬息即逝,唯有痛苦和悲哀显得深刻而隽永。快乐包含于人生这一整场悲剧之中,它的存在并不与悲剧相矛盾。事实上,快乐和幸福在本质上也是一种痛苦,因为它们同样是人的一种欲求,而人一旦有了欲求,就会陷入痛苦之中。因此,人们对幸福和快乐的美好追求,根本不可能让人逃离人生的苦难,最多只能改变痛苦的表现形式,而无法撼动其本质。尽管意志所带来的痛苦可以随着生命的离去而消亡,但人生的痛苦就在于人自出生以来就不断追求生存的欲望,这种对生存意志的肯定注定了人生的悲剧。人们在追求幸福和快乐的同时,这种欲求所带来的痛苦也在不断增加,也就是说痛苦和幸福是相辅相成、如影随形、不可分离的,人要追求幸福,就必须承受更大的苦楚。无论是生存意志还是生殖意志,它们都随着人类的繁衍而世代传递,那么意志所带来的痛苦和不幸也随之代代相传。

第五,人的意志与生俱来,唯有死亡能让人摆脱意志的控制,只要生命存在,人生就会被意志驱使向前,永不停滞,因此人的一生如同一场噩梦。在《作为意志和表象的世界》第四篇"世界作为意志再论"中,叔本华对人生作出如下比喻:"如果我们把人生比作灼热的红炭所构成的圆形轨道,轨道上有着几处阴凉的地方,而我们又必须不停留地跑过这轨道;那么,被拘限于幻觉的人就以他正站在上面的或眼前看到的阴凉之处安慰自己而继续在轨道上往前跑。"① 叔本华认为人生从头至尾受着与生俱来的意志的控制和驱使,没有任何自由,因此,他将人生比作在灼热的红炭轨道上奔跑。人在意志的支配下永不停歇地奔跑,那些所谓的"阴凉之处"事实上并不存在,不过是人望梅止渴、自欺欺人式的自我安

---

① [德]叔本华著,石冲白译:《作为意志和表象的世界》,第538页。

慰罢了。

叔本华以生存意志论构建其人生哲学体系，将意志视为人类存在的本质属性，由此推导出人生本质为痛苦与无聊的永恒摆荡，这种生存论判断构成其悲观主义哲学的逻辑起点。在生存意志框架内，人生价值呈现双重否定结构：形而上的痛苦具有终极性，而形而下的幸福仅具相对性。叔本华认为，意志的盲目欲求驱动个体陷入匮乏-满足-新匮乏的循环，每个欲望实现都只是痛苦形态的转换而非消解，这种循环使人生成为欲望满足的虚假进程。其哲学体系严格区分价值维度，拒绝将幸福纳入终极关怀范畴，主张痛苦作为意志活动的必然产物具有存在论优先性，而幸福仅是欲望暂时休止的消极状态。

在看清了人生在终极意义上的痛苦之后，我们虽不能因此走向悲观和消极，但仍然需要正视这些痛苦。只有在彻底洞悉了人生的痛苦之后，才能更加完整而深刻地审视人生的存在。幸福虽然短暂但却并不是毫无意义的，果敢的人生在于能够在认清人生痛苦的同时仍然有勇气积极地去追求和把握人生有限的幸福。如果从这个视角来解读叔本华的悲观主义人生哲学，也许我们能从他那里获得更多的人生智慧。

2. 尼采：权力意志

阿图尔·叔本华开启了生命哲学的探讨之门，他提出世界由意志与表象构成的理论，认为意志是操控人生的根本力量。在有限的生命中，人们因无法满足的无限欲求而饱受痛苦，而短暂的欲求实现又使生命陷入空虚。因此，叔本华主张彻底否定生存意志，以求从无尽的痛苦与空虚中解脱。与叔本华的悲观主义立场相对立，弗里德里希·尼采对艺术与人生持有肯定态度。尼采坚信人生价值源于对生存意志的肯定，认为痛苦是幸福人生的催化剂，并主张人们应积极勇敢地拥抱生活。

19世纪中后期，欧洲遭遇现代文明的危机，传统理性主义否定了人的生命本能，抑制了生命的激情，而传统道德剥夺了人的自由，导致人们精神颓废、缺乏活力，丧失了自我个性。在工业时代背景下，科技的进步使人们陷入机械化的运作之中，人变成了操作机器的工具，远离了生命的根本。尼采认为，这种现象的出现是由于西方传统道德、宗教文化和理性主义的影响，因此他主张对所有价值进行重估。

基于叔本华的生存意志理论，尼采提出了其独特的权力意志理论。尼采认为叔本华的生存意志缺乏实质意义,因而否定了人生的价值与作用。叔本华的生存意志导致人们失去目标和方向。尼采为意志设定了新的目标,即追求权力,并赋予了意志新的意义。他认为,生命的不满足会驱使其不断寻求超越自我,通过展现力量,以实现自我超越。这种力量间的竞争,即生命的本质和权力意志的体现,是生命力量和欢乐的来源。尼采正是在发现叔本华生存意志理论的局限性后,提出了权力意志的概念。从生物学视角出发,他鼓励人们遵循生物本能和生命力进行生存竞争,以满足权力意志。

尼采在叔本华意志哲学框架内完成价值转向,既承袭其核心命题又实现根本性突破。面对叔本华"生存意志无意义"的论断,尼采提出"人赋予世界意义"的创造性命题,主张通过权力意志的主动投射来构建价值体系。这种构建不是对世界本质的认知,而是实践层面的意义赋予——当感官过度精细化时,世界的可理解性反而消退,粗略的认知框架反而能维系价值存在。因此,真理追求本质上是意义虚构的副产品,这种虚构既必要又充满悲剧性。

在痛苦哲学层面,尼采保留叔本华对生存困境的诊断,但颠覆其价值判断。叔本华将人生喻为欲求之舟在苦海漂泊,尼采则将痛苦转化为超越的阶梯:超人不是对痛苦的否定,而是通过主动承受苦难实现价值升华。这种超越性体现为双重否定——既否定既存价值体系,又否定自我保存本能。超人作为权力意志的完美载体,其超越性不指向具体形象,而是生命强度的象征性表达,在酒神精神与查拉图斯特拉的原型中被具象化。

尼采的人生经历和所处的社会环境有别于叔本华,因此他无法忍受叔本华对生存意志的彻底否定和将人生的意义归于虚无。尼采承认人的力量非常小和有限,既无力抵抗随时可能发生的天灾人祸,也无力拒绝将死亡作为自身的最终归宿,其悲剧性的人生从出生的那一瞬间起就早已注定。面对这样的命运,尼采从不试图去否定它,相反,他认为这种命运也是真实生命的一部分,是应予以肯定的。人的生命因为有了对抗人生苦难的经历才获得了价值的提升,肯定人生不仅仅要欢迎生命中的快乐,也要接纳生命中的悲苦。尼采鼓励人们欣然接受生命中的恐惧和未知,敢于面对任何危险和毁灭,克服和超越人生中的磨难和厄运,唯有这样才能凸显生命的强力和人性的尊严。尼采宣称"上帝死了",并倡导人们以超人的姿态和权力意志勇敢地克服和超越人生的苦难。即便是在酒神的伴护西勒诺斯所描述的绝望生存境地中,人们也应积极地进行创造和超越。

尼采所描述的"超人"并非上帝的替代品,而是能够立足于现实世界,运用权力意志进行创造和超越的存在。超人不抑制生命本能,而是积极地争取人生的自由与幸福;超人不缺乏个性与创造性,拥有无与伦比的力量与气魄。在尼采的哲学体系中,酒神狄奥尼索斯和查拉图斯特拉是超人的典型代表。然而,尼采的超人思想所传达的并非指向某个具体个体,而是一种超脱于痛苦人生之外、淡泊自处的生活态度。这种态度能够创造和提升生命的价值。尼采期望超人能够引导人们认识到生命的魅力与宝贵,人的生命具有其独特的意义,这种意义并非是对叔本华所主张的彻底否定,而是对苦难命运的肯定与抗争,超越生活困境并创造幸福。在某种意义上,超人代表了一种既能够超越自我又能够回归自我的活动形式。无论是超越还是回归,超人活动的动力均源自其固有的权力意志。在尼采看来,权力意志赋予生命内涵并对其本质进行了规定,也就是说,是权力意志让人的生命存在。古希腊悲剧文化盛行的时代已经一去不复返了,在纯粹理性盛行的时代,生命饱受宗教和道德的压抑和残害,拿什么来拯救当代人日渐衰弱、萎缩的生命?尼采肯定地回答:艺术!在《悲剧的诞生》中,尼采用了两个相互关联的命题表述了艺术。一个是"艺术是生命的最高使命和生命本来的形而上活动"①,另一个是"只有作为一种审美现象,人生和世界才显得是有充足理由的"②。

在尼采的悲剧人生理论的乐观主义人生观中,人的创造和超越赋予了生命意义,带来了人生幸福。自工业革命以后,人们盲目、片面地追求工具的有用性和最大功效,工具理性一度占据了独断的统治地位。在那个价值理性被忽略和挤压的社会,人变成了单向的使用工具的机械手,完全被技术、权力和金钱所奴役,丧失了自主的创造和超越的力量。当人失去创造和超越的本质后,不但不去挖掘自身的潜能,而且从根本上否认人生各种潜能的存在。尼采极力反对这种以工具的有效性衡量一切价值的标准,认为只有人自主地创造和不断地超越才能显示生命的强力并带来人生的快乐。

在尼采的悲剧人生理论的乐观主义人生观中,人生的痛苦和灾难不再是人

---

① [德]尼采著,周国平译:《悲剧的诞生》,凤凰出版传媒集团、译林出版社,2011年,第24页。

② [德]尼采著,周国平译:《悲剧的诞生》,第152页。

们急于摆脱的东西,而是成为了生命的重要组成部分。当利己主义、享乐主义盛行时,人们根据自己的欲望做事,以自我为中心。习惯了舒适享受的生活后,人变得脆弱孤独,当疾病、灾难或死亡来临的时候,人们甚至没有做出任何反抗就默默地接受了人生的厄运。尼采劝导人们做超人,敢于面对人生的苦难和命运的捉弄。当厄运来临时,超人尽管也曾彷徨无措,但仍然积极地抗争和超越。尼采的人生观认为,敢于对抗磨难并超越痛苦是健康人生和快乐生活的重要内容,唯有经历了苦难的磨炼才能收获幸福的人生。人的一生需要对抗和克服许多苦难,尽管有时会铩羽而归,但也能收获别样的生活体验和经历。没有抗争、超越痛苦的人生是不完整的,缺乏了幸福的内容和意义。痛苦绝不是对人生的否定,面对人生的种种不幸,不能选择默默承受或者逃避,要有敢于抗争、积极超越的勇气。尽管人们不能延长生命的长度,但却可以通过不断地抗争和超越拓展生命的宽度,让人生更加精彩和幸福。

在悲剧人生理论的乐观主义人生观中,尼采的唯意志主义思想将人的感性意志和生命本能无限放大,鼓励人追求自身的新价值。他的人生哲学肯定生命中的痛苦,力主以超人姿态和权力意志积极面对和超越人生的苦难,显现了强烈的自我意识、敢于抗争和追求超越的精神,为后尼采时代西方人本主义思潮的成长奠定了良好的理论基础。

(二)生命哲学的人生价值理论

19世纪80年代到20世纪30年代,在德国哲学界,人的历史、文化、生命、价值成为最时髦的研究论题。生命哲学成了一股普遍思潮,主要代表有狄尔泰、齐美尔和奥伊肯等人。在生命哲学中,人生价值理论是一个重要的组成部分,它关注个体生命在宇宙和社会中的意义、目的和价值。与德国生命哲学遥相呼应,法国也酝酿着非理性主义思潮。法国生命哲学家柏格森师承意志主义者布特鲁,综合吸收了生物进化论、心理学、细胞学说等科学理论,使生命哲学在20世纪初进入全盛时期。

1.狄尔泰:体验生命

狄尔泰在19世纪末的哲学机械论思潮中确立了生命哲学的核心地位。针对形而上学与科学主义将人客体化、工具化的倾向,他批判传统哲学割裂物质与精神的二元对立,主张哲学应以生命作为统一的研究对象。在《精神世界生命哲学导言》中,他提出精神科学作为人文科学的总体框架,强调对生命的理解必须基于其在精神世界的具体呈现。

对于人生,狄尔泰有自己独到的见解。他认为生命是一种不可遏止的、转瞬即逝的冲动,是一种能动的创造力量,而不是简单的身体活动。"生命"意指人类生活的整个范畴。生命创造的各个部分之间以及这些部分和整体之间存在着密不可分的联系,部分与整体之间的关系是生命的基本特征之一。狄尔泰将生命界定为动态创造过程而非机械运动,认为生命包含人类存在的全部维度。其哲学视野中的生命具有双重性:既是个体存在的时间性展开,又是社会历史共同体的精神联结。生命各要素与整体存在本质关联,这种部分与整体的辩证关系构成生命的基本结构。他说:"除了自身之外,生命不意指任何其他东西。"①生命的首要特征是它的时间关联性,生命总是处于绵延不断的时间之流中。他认为,在时间的进程之中,人生的任何一个阶段都有自身的自足的价值。完满人生的表现就是生命的每一瞬间都是自己的独立价值的充实和实现。因此,最为悲惨的事情就是为了成年的某一目标而牺牲童年,"人们不能设想比这更为错误的看法,将成熟视为构成生命的进化目标,而使生命的早期阶段只作为手段服务于这一目标"②。他特别指出,生命价值不依附于超验实体,而是内在于生命过程本身,每个时间节点都具有不可替代的自足性。完满人生不在于实现预设目标,而在于实现生命瞬间的价值充盈,反对将童年贬低为实现成年目标的工具。因此,狄尔泰说:"生命以及生命的体验是对社会——历史世界的理解的生生不息永远流动的源泉;从生命出发,理解渗透着不断更新的深度;只有在对生命和社会的反应里,各种精神科学才获得它们的最高意义,而且是不断增长着的意义。"③因此,精神科学的基础是生命,历史的意义就是生命的创造活动。只有以生命为基础,历史才成为可能。

狄尔泰将生命体验确立为哲学研究的根基,主张生命价值通过体验的直接性得以显现。他批判理性主义将生命简化为抽象"我思"的认知模式,认为这种剥离具体情境的观念运动无法触及生命本质。体验作为生命存在的原始状态,

---

① 引自李超杰:《理解生命——狄尔泰哲学引论》,中央编译出版社,1994年,第116页。
② 引自李超杰:《理解生命——狄尔泰哲学引论》,第82页。
③ 引自刘放桐等:《现代西方哲学(上)》,人民出版社,1990年,第200页。

既包含经验积累又超越经验主义,其核心在于主客体未分化的意识整体性——主体在体验中既感知对象又反观自身,这种双重指向构成精神生命的存在方式。描述心理学作为人文科学方法论,区别于实验心理学的实证路径,强调通过内省意识对精神行为进行现象学还原。狄尔泰将意识结构解析为认知、情感、意志的三维动态系统,三者交互作用产生精神内容,但系统本身具有不可对象化的特质,只能经由体验的直接把握与内省反思的双重运作得以呈现。生命价值正是在体验-反思的循环中生成,内省意识既是对体验内容的占有性反思,也是界定自我同一性的认知工具,这种反思不依赖先验预设,而是从现实生活经验中自然生长。世界意义通过生命体验的投射获得解释维度,外部存在唯有进入体验关系场域才具有价值属性,科学理性的逻辑框架无法替代生命体验的基础性地位。

从生命的第二层意义,社会历史中人类的共同生命来看,生命必须能够通过传达和表现实现自我和他人以及世界之间的相互理解。在理解之上形成基于生命相互关联的统一体,生命的表达十分重要。狄尔泰批判尼采个人主义对生命整体性的遮蔽,强调生命本质作为精神世界的展现过程,必须经由表达媒介完成自我与他者的意义联通。生命表达构成理解活动的物质载体,文学、艺术、社会制度及历史进程均为精神客观化的具体形态,这些形式将个体体验转化为公共经验,在创造性转化中实现生命的超越性。狄尔泰后期将生命表达的方式分为三种类型,第一类是概念判断等理智性的表达。遵循逻辑规则具有普遍可传达性,但因其抽象化处理而与生命混沌状态产生割裂,仅能捕捉部分真理性内容。生命处在从不明确到明确的过程之中,生命的复杂和神秘是不可能全部被把握的,通过表达和理解只是能掌握部分真理性的内容。越接近生命内部的表达越是含糊的、不确切的。生命表达的第二类是行为的表达。行为表达内嵌于行动者的目的论框架,既受内在精神驱动又受外在情境制约,通过行为推论只能获得片段化理解,但是这种推断并不能够完全获得对生命内部精神的理解,外在的实际环境的影响会造成理解的偏差和片面性。生命表达的第三类是体验的表达,指人的表情、手势、姿态、文学作品等。这种表达贴近生命的内在状况,与生命精神性的内容连接密切,能够展示生命的本质。其中文学作品因其对精神内容的稳定持存,成为最贴近生命本质的表达方式。尽管表情姿态可能因情境变异而产生意义偏移,但伟大文学通过精神内容的凝固化呈现,构建起跨越时空的理解桥梁。

生命的表达是人通过体验达到理解的一种生命的历史进程,"通过不断产生的新事件,并且因此而使这个正在进行理解的主体不断得到扩展,理解过程便持续不断地使历史知识的范围得到扩展"①。在此基础上,借助生命的范畴在现实世界中才能实现对生命的理解。狄尔泰指出,生命的范畴在数量上是无限的,形式上也是难以统一的,按照类别可以大致把它们分为价值、意义、目的、发展、形态和力等。在这些范畴中,价值范畴、意义范畴和目的范畴是极为重要的。价值范畴具有客观性,它反映当下的主体生命对客体和他者的认同态度。意义范畴体现生命的时间性,在与生命过去的关联中界定一种历史性关系。目的范畴则指向未来,指向一种生命合目的性的完满。众多范畴互相结合既构成了生命的丰富与多样,也组成了认识生命、理解生命的途径。

综上,狄尔泰的人生哲学是一种关于生命的人文精神科学。他要在生命中理解自我、理解他人最终达到精神本质的这一过程中实现个体与普遍性在历史中的结合。历史是生命发展的最终归依,个体生命在历史的关联中确定自身,获得意义并最终获得人类生命的共同性。狄尔泰的人生哲学可以称为一种历史主义的生命哲学。

2. 齐美尔:精神生命

齐美尔身处 19 世纪末 20 世纪初的思想转型期,其理论资源既承袭德国浪漫主义传统对生命内在性的探索,又吸纳叔本华、尼采哲学中关于生命意志与价值重构的思辨。与同时代实证主义者构建普适性理论体系的取向形成鲜明对比,齐美尔的哲学思考始终根植于对现代性困境的具体诊察,其生命哲学不追求形而上学的体系化建构,而是通过捕捉生命现象的碎片化表征——诸如货币经济对人际关系的物化、都市生活引发的精神异化等具体议题——展开现象学式的分析。这种理论生产方式使他的哲学思考呈现为对生命体验的即时性回应,而非是对抽象概念的逻辑推演。

齐美尔的人生价值观首先体现在对生命意义的追求上。他认为哲学的本质是生命,他以生命的现实为哲学出发点,强调哲学应超越专家圈,成为人们内心体验的共同追求。他觉得传统的思辨形而上学无法适应现代人的生命感觉,因

---

① [德]威廉·狄尔泰著,艾彦、逸飞译:《历史中的意义》,中国城市出版社,2001 年,第 82 页。

此主张哲学应基于生命现实,倾听事物和人的内心。且生命的意义需在具体场景中理解,哲学的整体意义也必须通过生命现实来把握。他主张将日常生活经验纳入哲学研究,探讨那些看似平凡却蕴含深刻生命哲理的主题。齐美尔认为,生命不仅是个体生命的内在动力,更是人类整体生命冲力的体现。他强调从个体生命的碎片中寻找形而上学的终极意义,将生命的个体性与整体性相结合。

齐美尔将生命视为内在于人的原始冲力,这种冲力既构成个体存在的动力基底,又作为世界价值的本源存在。其生命哲学包含双重维度:普遍生命冲力展现为人类整体的形而上学统一性,在永恒流动中呈现超越性的特质;个体生命动力则聚焦于经验层面的内心体验与多样性展开。齐美尔始终致力于沟通这两个层面,试图从个体生命的碎片化存在中提炼终极意义,其理论探索始终围绕生命冲力如何实现自我超越并趋向总体性而展开。当使用"先验"概念描述生命时,他强调这是生命固有的超验倾向使然——生命先于具体生存状态而具备超越自身的内在指向,这种指向性决定了个体存在必然处于持续超越的过程中。值得注意的是,齐美尔的生命先验论不同于柏格森的生命创生论,他既不构建生命进化论体系,也不探讨生命与万物生成的关系,而是聚焦于生命自我与世界存在的关联性,试图在人与社会、人与世界的共在框架中,确立人类特有的生命存在方式及其价值实现路径。

其次,齐美尔的人生价值理论还体现在对生命超越性的认识上。他指出,生命具有不断超越并朝向总体状态的能力。这种超越性不仅体现在生命对物理界限的突破上,更体现在生命对自我认知的深化和拓展上。齐美尔认为,认识永远是处在进行当中,在不断的超越中,认识才面对多种多样的内容。这种超越性使得生命能够创造出具有独立意义的内容,实现自我价值的提升。

(1)作为确定界限和超越界限的生命

齐美尔提出,社会中的个体均以特定形式存在,此形式即为自我生存的外在结构,其通过界限来界定自我。感觉、经验、行为与思想等构成生命每一刻内容的要素,均充斥于界限之间,将人生价值锚定于生命对界限的持续超越过程。个体通过自我界限的设定获得存在形式,这种界限既划定生存定位又具有可突破性,构成生命张力的双重维度:界限作为生存位置的限定者,同时因其可变性成为生命进化的动力源。然而,生命的界限与物理界限存在差异,生命的界限具有以下两个显著特征:其一,"任何界限都有限制"①,它确定我们在世界中的生存位置。其二,"界限无限制"②,任何界限都可以打破,都会随着现有的生存位置的改变而变动。生命行为本质上是界限突破与重构的统一体,每跨越既有边界,生命既暴露自身局限又确认新的可能。意识能力使人类得以超越感性存在,将世界纳入认知框架,但生命的超越本质决定认识无法凝固为先验体系——每次界限突破都带来认知边界的扩展,迫使认识持续重构。

人具有的意识能力能够突破有机体自身的感性存在,突破物理世界的时空关系,将整个世界缩小在自己意识的界限之中以形成认识。然而就生命不断超越的本质来讲,人们的认识不可能在先验范畴下塑造多样的外部世界并得出不变的结论,认识将在界限的超越中不断变化。就形成认识来讲,齐美尔说"我们作为正在进行认识的人,而且自己又处在认识的可能性之中,大体说来是能够把握如下观念的:我们认识的形式并不包括这个世界;只是我们能够用甚至非常棘手的方式设想一种我们简直无法想象的世界现实——这就是精神生命的自我超越……"③认识永远是处在进行当中,在不断的超越中,认识才面对多种多样的内容,生命在此体现了一种无限性。

(2)额外生命和多于生命

为进一步说明这种生命不断建立和突破自身范围的本质,齐美尔提出两个补充的定义:"额外生命"和"多于生命"。④ 额外生命和多于生命两者不是简单的同义反复,其中包含着不同的内容。额外生命指向生命存在的动态过程,生命本质包含自我超越的驱动力,这种驱动力既体现为生长与繁衍的扩张性运动,也包含对死亡界限的突破性尝试。生命始终处于未完成状态,其存在本身即是对既有形态的持续扬弃,这种扬弃不局限于生物性存续,表现为对个体生命局限性的突破。

生命就是以某种形式出现的自我,而整体的生命是以各式各样的形式流动变换。生命必须在一种形式中存在,却又不能以一种形式存在。生命体现在不

---

① [德]齐美尔著,刁承俊译:《生命直观》,生活·读书·新知三联书店,2003年,第2页。
② [德]齐美尔著,刁承俊译:《生命直观》,第2页。
③ [德]齐美尔著,刁承俊译:《生命直观》,第5—6页。
④ [德]齐美尔著,刁承俊译:《生命直观》,第5—6页。

断破立,不断超越,追求更多形式的过程中。生命永远比自我确定的内容更加丰富,它不但从内部,还超出自身从外部反观生命的内容,生命具有比其自身要更多的内容。因此生命体现为"多于生命",生命能够创造出具有独立意义的内容。额外生命是从生命直接的实物层面的超越,多于生命则是从生命的意义层面的超越,两者都是生命的基本现状。

(3)生命之超验

齐美尔在阐释生命内在本质的自我界定与超越机制后,自然导向一个核心矛盾,尽管生命整体呈现为贯穿世代的历史洪流,但其具体承载者始终是离散的个体自我。这种整体与个体的张力构成其理论枢纽。他强调个体生命既作为连续性洪流中的载体,又保持独特的个性结构,"生命既是不间断的奔流,同时也是一种在他的载体和内容中自成一体的东西,一种围绕着中心点形成的东西,一种具有个体特色的东西"①。

生命本质的结构性特征即在于超越性,这种超越既赋予具体生命形态以存在框架,又实现连续性与个体性的动态统一。自我意识作为精神活动的基础形态,具有双重认知取向,既向外把握对象世界,又向内反观自身存在,这种双重运动使自我既在自我固持中确立个性,又在超越自我的过程中趋向总体性。两种看似对立的运动轨迹,实则统一于生命持续超越的实践进程,而超越行为的终极指向始终是超验的价值维度与整体性意义建构。

此外,齐美尔还强调了生命与社会的共存关系。他将生命视为内在冲力与外在形式永恒冲突的动态过程,这种矛盾构成生命发展的根本动力。他认为,生命既是不间断的奔流,同时也是一种在他的载体和内容中自成一体的东西。在生命与社会共生的框架下,个体生命的内在冲力必然遭遇社会文化形式的规训,二者张力既表现为生命连续性与个体独特性的对立,又外化为历史进程中的文化创新与形式更迭。齐美尔指出,这种矛盾具有逻辑上的不可解性,却是生命存在的本质特征——生命通过持续突破既有形式实现自我超越,而个体生命在除旧布新的循环中保持活力。"所有于生命之外在自我存在中确定下来,并从那边得来的一切,都可以转回到生命本身,但是因为在这里生命被理解为绝对的内在性,所以一切都停留于一种——当然千差万别的主体化,一种对于未来世界形

---

① [德]齐美尔著,刁承俊译:《生命直观》,第11页。

式的否定之中,而这时人们却并未发现,他们正是依靠对于来世的想象,在用主体的这一界标来完善自己。"①生命内在的双重性(连续性与个体性)在现实层面统一为不可逆转的进行时态,所有外化的文化成果最终都将回归生命本体,但受制于生命的绝对内在性,这种回归只能通过主体化过程完成,形成对超验价值目标的永恒趋近。在齐美尔看来,生命存在的核心使命即在于这种矛盾运动中不断追寻总体性意义,个体生命与社会历史的互动本质正是这种价值追寻的具象化呈现。

齐美尔的人生哲学始终聚焦于生命存在的现实维度,既未发展出柏格森式的生命本体论体系,也未构建如狄尔泰般的历史哲学架构。终其一生,他的人生哲学都是围绕生命是什么、生命的终极矛盾是什么、现代人的生存困境是什么、如何能够突破此种困境回归一种生命活力、现代的生命个体如何与社会实现共契等问题。这些问题密切相关。

其理论重心始终围绕生命本质、现代性困境及生命活力的重构等核心命题展开:生命被界定为内在于人类的精神冲力,既非生物进化论的产物,亦非肉体与精神的二元对立体,而是承载着个体价值实现与人类整体命运的文化存在。这种生命观呈现三重特质:其一,齐美尔拒绝发生学视角,转而将生命视为社会文化场域中的现实存在,强调个体生命经验与历史境遇的关联性;其二,他未将生命提升至本体论地位,而是通过文化形式与风格的中介,在生命与世界的交互关系中把握其实在性;其三,其理论旨归不在于体系构建,而在于直面现代性引发的生存危机,尤其是工具理性对生命意义的消解、货币经济导致的人际关系物化等具体问题。

在对生命哲学的阐述中,他将精神作为一种能够整合多样性的生命的总体力量来使用,认为生命在精神中能够实现一种整体性。齐美尔谈的生命仅仅指人的生命,并且更倾向于表达人的精神生命。其目的在于从生命的个别现象中寻找人生的整体意义,个别与整体之间并不是对立和陌生的,两者之间具有必然的统一性。生命的总体本身具有巨大的包容性,生命的个体在其中能够保持自身的独立性,在某些情况下生命整体的意义不一定高于生命的个体,甚至个体能够影响生命整体的意义。每一个生命的瞬间都包含了所有过去的结果和未来的

---

① [德]齐美尔著,刁承俊译:《生命直观》,第22页。

动力,对于生命此刻来说,它就是全部。生命整体和生命个体及生命个体之间始终处于一种交互关系之中。齐美尔的生命哲学可以称为一种个体生命理论,他反对传统哲学以普遍原则统摄个体的观念,主张在个体身上实现精神的永恒价值。在生命哲学的立场上他关注生命的个体性、偶然性以及多样性,而后两者都在生命的个体性中得以显示。在《生命直观》中,齐美尔这样讲:"生命是一泻而过的洪流……确切些:作为个体在奔流着。生命既是无限的连续性,也是确定界限的自我。"①可见,在人生的连续性过程中,个体是最终的承担者。在齐美尔看来,人生的意义和价值直接面对个体的本己性,个体心灵的伟大力量提供生命创造形式的动力。齐美尔强调的个体不是普通的个别人,而是具有个性化的个体,具有差异性的、特殊意义的个体,这种个体因特殊的个性精神而具有不朽的价值。

3. 柏格森:生命冲动

亨利·柏格森在生命哲学领域占据着至关重要的地位。其哲学体系可视为纯粹的生命哲学,正是在他的思想影响下,生命哲学才迎来了首次繁荣期。在柏格森的《创造进化论》中,他提出了世界现实本质上是生命的论点,这标志着其生命哲学思想的正式形成。然而,柏格森对生命的关注及阐释并不仅限于该书,在他哲学思考的初期,生命主题便已深植于其思想之中。在其重要著作《时间与自由意志》《物质与记忆》《道德与宗教的两个来源》等中,柏格森探讨了生命之流的创造、绵延和沉淀过程。

(1)生命的本质:创造与绵延

柏格森的生命哲学最初以进化论的形式呈现。19 世纪末 20 世纪初,达尔文生物进化论构成当时对生命现象最具影响力的解释框架。但柏格森指出,实验生物学通过显微镜观察展开的实证研究,无法触及"生命本质为何"这一根本问题——科学方法论本质上受限于物质客观结构分析与因果关系解析,而生命本质的追问属于形而上学领域。恰逢世纪之交,西方文明积累的内在矛盾在现实社会与思想领域日益凸显,柏格森将其诊断为灵肉关系的结构性失衡,物质文明发展与自然科学进步显著超越精神发展维度,这种失衡导致人文科学相对滞后。因此,柏格森致力于构建一种科学的形而上学,旨在真正解答"生命本质为

---

① [德]齐美尔著,刁承俊译:《生命直观》,第 139 页。

何"的问题。

柏格森将生命诠释为持续创造的本体论过程,其本质是驱使有机体存续的原始动力。"'生命'在柏格森的眼里首先具有世界观的一面。生命代表了一种信念,那就是变化是某种能对生命感觉产生积极影响的东西。"①整个世界皆充满着生命力的永恒生成。他借助进化理论来阐述生命的生成过程,认为生命的进化并非一条直线,而是类似炮弹爆炸,爆炸后碎片向四面八方飞散;每一碎片再次爆炸,形成更多碎片向四面八方扩散,如此循环往复,无有穷尽。生命的进化原动力源于生命的冲动,其运动方向分为向上与向下两个维度,向上的喷发则催生有生命之物,向下的坠落则形成无生命之物;这两种趋势的交汇点构成了生物的有机体。生命的生成力量是永恒且连续的。柏格森将生命的生成力量称为绵延,并将真正的时间也称为绵延。时间是生命最本质的体现,柏格森区分了两种时间概念,其一为物理概念上的时间。这种时间基于日常经验,建立在牛顿物理学的基础之上。时间均匀流逝,可以被客观度量,每一个刻度都是相同的,毫无差异。时间是一个抽象概念,它是独立于物质的框架。通常我们认为时间是由无数个前后相继、性质相同的瞬间构成的,这与观察空间中的物体是相同的视角,物体在空间中占据一个位置,由此推断时间也可以被分割成点,实际上这种日常的时间观念犯了将时间空间化的错误。世界是永恒的生成,只是人们在认识事物的过程中,将其分割成一系列静态的存在。然而,当我们试图将这些静态的存在重新叠加时,它们却无法恢复成最初的状态。这正是理智所犯的错误。柏格森显然意识到了这一点,他指出真正的时间并非物理时间,而是"绵延",它是生命的永恒流动,不可分割,不可划分。我们只能整体地去感受它,如同感受音乐一般,而不能将其拆解为音符,因为那样音乐便不复存在。"我们的绵延不仅仅是一个瞬间替换另一个瞬间;假如是这样,那么除了现在就不再会有任何别的——没有过去向现实的延长,没有进化,没有具体绵延。绵延乃是一个过去消融在未来之中,随着前进不断膨胀的连续过程。"②显然,绵延构成了一个不断变化的整体,它囊括了多样化的异质元素。正是在这一持续的流动与变化过程中,

---

① 引自[德]费迪南·费尔曼著,李建鸣译:《生命哲学》,华夏出版社,2000年,第61页。
② 引自[法]亨利·柏格森著,王珍丽等译:《创造进化论》,湖南人民出版社,1989年,第4页。

这些元素得以保持并转化其独特性。"随着前进不断膨胀"这一表述意味着绵延始终处于创造之中。绵延并非相同瞬间的简单更替，它体现了相异性与连续性的统一。在物理世界中，相异性与连续性看似相互矛盾，然而，如果排除空间概念的介入，那么在生命意识中维持这种连续性与异质性是可以理解的。由于空间概念无法介入绵延，因此绵延必然存在于生命意识的深层。

柏格森进一步区分了表层自我与深层自我。表层自我频繁与外界接触，为了更好地掌握外界事物，意识往往借助空间概念进行分类和处理。因此，表层自我中残留着大量空间特征，理智的因果逻辑性在此发挥重要作用。而深层自我则展现出一种纯粹的意识状态，这种状态与数量无关，浑然一体，不可分割。在深层自我中，每一个瞬间都相互融合，连续而又保持其独特性。这种纯粹意识状态正是自我绵延的体现。柏格森对自我特征的描述是：自我是一个行动的存在，是一种运动中的力量，是唯一的原因，这种原因促使我们行动。绵延同样是一种力量，一种表达生命冲动的力量。与其说绵延存在于生命内部的深层自我，不如说绵延即是深层自我的本质。在这个意义上，人是一个具有生命动力的行动个体，人的原因和动力都根植于自我生命的深层，因此人不依赖任何外物，自身就具有保持自身和行动的自由。深层自我之所以具有绵延的特性，是因为人拥有记忆。记忆将过去与现在融合，使得现在的每一刻都包含了过去的各种感受、思考和希望，它们持续地与现在融合，不断流变和创造。这种记忆是柏格森所说的纯粹记忆，它不同于机械记忆，是生命自发的活动。生命在记忆中得以延续，记忆保持了绵延的连续性。因此，生命在时间中表现为生成而非静止的存在。可以看出，绵延在柏格森的思想中具有多重含义，它既指生命冲动，也指真正的时间，还指深层的自我。绵延的多重含义指向了生命本身是具有内在动力的巨大融合，生命冲力贯穿整个生命范围，甚至整个宇宙都充满了生命的绵延。值得注意的是，柏格森在早期作品《创造进化论》中仅承认生命有机体具有绵延的特性，而在后期作品中逐渐承认整个宇宙都具有绵延的特性，这里的宇宙不仅包括生命现象，也包括非生命现象。

（2）直觉的方法：把握生命本质的途径

那么，如何接近处于绵延中的深层自我呢？柏格森提出的方法是直觉。日常经验中表层自我主导认知活动，其理性工具按照空间化逻辑处理对象时效率显著，但当理性以生命绵延为认知对象时，会将空间特性投射于时间维度，将动态生成过程客体化。因此,尽管柏格森重视理智的生存作用,但他并不提倡用理性来认识绵延。直觉作为专属于绵延的认知方式,其哲学传统可追溯至柏拉图通过直观把握理念原型的实践,后经笛卡尔、洛克等哲学家发展为本质认知能力。柏格森认为直觉是一种哲学方法。然而,这一方法并非指方法论意义上的工具,而是指一种思维途径,一种思维方式的转变。直觉并非神秘的先验能力,也不仅仅是本能层面的能力。直觉是把握生命实质——绵延的一种行动,它是一种认知,这种认知不带有主体的目的性,而是要将自身与认知对象融为一体,在最直接的关联中进行理解。直觉完全按照绵延去行动,作为哲学方法,实际上是提示了一种思维方式的转变,即摆脱机械线性的思维习惯,按照绵延的观点去思考,去看待世界,进而把握生命的生成和流变,以及流变的永恒性。"柏格森的深层之我来自时间的深度,但是没有因此而成为一个本质,而始终是想象的产物。这里就表现了对生命哲学的合理性起决定作用的意志要求和想象力的辩证关系,这种辩证关系完全可以被体验为是时间的丰富性,人的精神自我就在这种时间的丰富性中得到发展。"[①]

综上所述,柏格森的人生哲学强调生命的创造性和变化性,认为生命是一个不断创造新形式、新经验和新价值的过程。他提出了绵延和时间的新概念,强调生命的不可预测性和创造性。同时,他通过直觉的方法把握生命的本质和绵延的时间,提出了自由意志的可能性。这些观点共同构成了柏格森独特的人生观,鼓励人们积极面对生命中的创造与变化,追求真正的自由和内在的满足。

从上述的考察中我们可以发现,生命哲学家们虽然各自的立论角度不同,但都坚持对理性主义与近代科学主义进行批判,确立生命在哲学研究中的本体地位,他们都意图召回失落在理性和科学中的生命本身,重新确立人在世界中的地位,还生命以应有的意义和归宿。

(三)存在主义的人生价值理论

存在主义是在两次世界大战造成巨大创伤、经济危机震撼欧洲、人的生存和价值面临严重威胁的情况下出现的,它以人的存在状态及存在的意义和价值为主题,是当时至现如今在西方最有影响的资产阶级哲学派别之一。存在主义注

[①] [德]费迪南·费尔曼著,李建鸣译:《生命哲学》,华夏出版社,2000年,第71页。

重人的存在、人的本质和人的价值的研究,偏重主体性价值。

1.克尔凯郭尔的人生价值理论

存在主义之父克尔凯郭尔深入探讨了人生价值问题,其哲学体系基于宗教信仰,强调个体通过自我选择实现与上帝的联结和精神救赎。他认为,个体的存在是核心,非先天预设,而是通过选择成就的。克尔凯郭尔以"孤独个体"为哲学探究核心,认为这种非理性的主观体验是与超验性相关联的,无法用理性或语言表达,是个体实现精神救赎的唯一途径。他的观点将哲学研究重心从万物存在转向人的存在,强调个体现实存在是自我选择的结果。

克尔凯郭尔将哲学研究重心从外部客观世界转向人类主观内心世界,其思想转型直接催生了存在主义的核心命题——"存在先于本质"。作为其哲学体系的核心范畴,"孤独个体"概念贯穿其全部著作并呈现三重理论维度:第一,"孤独个体"是指精神个体、主观思想者,而不是在物质环境中生活的、感性的、具体的人。第二,这个精神个体是"单独自我",是那种"与它本身发生关系的关系",也就是一种自己领会自己、自己意识到自身存在的主观心理体验,是主观思想者所直接体验和感受到的整个神秘的精神状态。这种状态不能被思维所掌握,不能为理性所说明,不能用语言来表达,它的基本特征就是非理性。第三,这个"单独自我"是孤独的,是只和自身发生关系的,是绝对排他的。该个体本质是纯粹的精神存在,区别于物质世界的感性实体,属于主观思想者的认知范畴;其存在方式表现为自我关联的绝对主体性,即通过内在意识活动实现自我认知与自我确证,这种心理体验具有非理性特质,既无法被概念工具捕获,也难以通过逻辑语言表达;该主体的社会属性呈现绝对排他性,其精神活动始终在自我封闭系统中完成,仅与自身存在保持本质关联。这种"孤独的非理性主观体验"实质上构成个体与超验领域的中介,个体通过内在体验实现与上帝的神秘联结。上帝作为永恒存在构成人类行为的终极前提与价值标尺,哲学体系呈现从个体到上帝的双重指向性。在认识论层面,他主张人类生存中心回归个体主观性,存在选择权完全赋予个人意志,这种选择的绝对自由作为人性本质,仅存续于主观意识领域而无法通过客观现实证成。主观意识的核心内容即关于上帝的启示性认知,据此形成"主观性即真理"的独特真理观,彻底否定客观真理的合法性。真理获取的唯一路径被限定为宗教信仰,个体必须通过内在精神体验突破理性局限,在信仰跃迁中实现与上帝知识的直接遭遇,这种认知过程本质上是非逻辑的直觉领悟。所以,他宣称:"我信仰的真理是在我内部,只有通过我自身显现出来,甚至苏格拉底都不能将它给予我。"[①]在克尔凯郭尔这里,"信仰就是似非而是之论"[②],尽管看上去可能很荒谬,甚至不能自圆其说,但因为它涉及的是关于上帝的知识,所以它是真正的真理,它不能靠逻辑推理去进行论证,只能够靠人的直觉和顿悟在内心深处去体验和领会。克尔凯郭尔通过伦理学的途径将个体生存意义的探索和体验导向了宗教信仰。

作为"孤独个体"的存在,人呈现出三种境界:审美境界、伦理境界和宗教境界。在审美境界中,个体作为感性存在,其价值取向聚焦于感官体验的即时满足。行为模式呈现为被原始欲望、本能冲动及情绪波动所主导的特征,在此状态下,伦理规范与宗教信仰的约束力被显著弱化。个体可能为追求即时感官满足(如肉体欢愉)而实施违背伦理的行为,表现出对感官刺激的过度沉溺与本能驱动的生活方式。这种生存状态虽能带来短暂心理满足,但其本质具有动态不稳定性——满足感的快速消退往往引发更深层次的心理失衡,伴随焦虑情绪的累积效应,最终导致对生存意义的怀疑与精神绝望。

在伦理境界中,人的生活更加理性。人学会克制自己的欲望,学着去考虑自己的行为对他人和社会产生的影响,而不是一味地追求个人欲望的满足;人开始遵循有意义的道德准则,比如去做一个诚实、正直和善良的人;人意识到哪些事情是可以做的,哪些事情是不能做的。伦理境界最大的使命就是"爱他人"。但实践过程中始终存在根本性张力:普遍化的道德义务与个体具体行为之间常现断裂。其根源在于世俗感性生存的持续在场,个体易受感性生存方式牵引而偏离义务要求。当抽象道德规范遭遇具体情境的特殊性时,伦理主体必然经历义务未达成的罪责体验。克尔凯郭尔指出,这种罪责感构成个体存在的本体论特征,其本质已超越伦理范畴的理性维度。要化解这种存在论困境,既有的伦理机制无法提供解决方案,唯有通过忏悔意识开启宗教性生存维度才能实现超越。

在宗教境界中,个体生存进入信仰维度,这构成人类存在的终极形态。人摆脱了世俗的诱惑,摆脱了伦理道德的理性制约,面对的只有上帝。在宗教阶段,人最大的使命就是"爱上帝"。在此,人作为自己而存在,面对上帝,成为真实的

---

① 引自许崇温:《存在主义哲学》,中国社会科学出版社,1986年,第48页。
② 许崇温:《存在主义哲学》,第52页。

"存在"。他断言人生而自由,自由是人的先天本质,上述三种人生状态的选择是个人自由的体现。感性引诱下的选择、理性原则限制下的选择均非真正选择,唯有对自我存在本身的选择,才能面对上帝。

针对此,克尔凯郭尔提出三种绝望形态:"不知道有自我""不愿意有自我"及"不能够有自我"。"不知道有自我"指个体在世间奋斗良久却不明自身真正追求,导致存在失去方向与意义;"不愿意有自我"指个体即便知晓追求,但因害怕承担责任、面对压力而选择逃避或放弃,阻碍自我价值实现;"不能够有自我"指个体即使愿意并努力追求自我,但因能力、环境或其他因素限制无法实现,产生沮丧与绝望。这些绝望状态反映了人在追求自我价值过程中的迷茫与挣扎。然而,克尔凯郭尔强调,正是这些绝望促使人进行自由选择,通过自我参与、选择及实现,寻求与创造人生价值。

克尔凯郭尔将人理解为身体、灵魂与精神(自我)的三重构成:身体承担感知功能,灵魂承载理智能力,精神(自我)则主导情感与意志活动。他强调完整人格需实现三者统一,并指出传统哲学与伦理学过度聚焦身体与灵魂维度,忽视精神层面(情感意志)对生存方式的决定性作用。而恰恰是后者使每个人具有独特个性与生活方式,形成不同人生价值。正是精神维度塑造个体独特性,形成差异化人生价值。其存在论以孤独的非理性个体存在为逻辑起点,取代传统对客观物质与理性意识的关注;以厌烦、忧郁、绝望等非理性情绪为研究对象,替代对外部世界与理性认知的探讨。这一转向否定了传统哲学将逻辑、纯思维及客观精神视为唯一真实存在的认知框架。

克尔凯郭尔将存在论域从超验层面拉回现实维度,否定西方传统价值体系的绝对统一性,主张人生价值源于个体存在本身,是自由选择的结果。其理论强调个体生存的独特性、自主性及选择能力,将非理性宗教存在确立为终极追求,赋予信仰以实现自我价值与生命意义的关键功能。通过信仰的跃迁,个体得以突破现实桎梏,达成生命意义的终极确证。

2.海德格尔:关于存在和存在者

海德格尔一生都在关注一个传统的哲学问题:"存在是什么",也就是"存在论"的问题。海德格尔认为,西方哲学自从柏拉图开始就走错了道路,一直都在关注具体的"存在者",而不是"存在本身"。海德格尔是从虚无与存在的关系中去阐述人生价值,他所说的存在,或翻译为"在"或"在者"。他认为,不了解"在"

"存在"或"在者",也就无法把握"虚无"的本质规定性。"在"这个词,最古老的词干是"es",梵文的"asus",具有生活,生者等含义。① 他认为,"在"的意义就是当今与在场,坚持与持久。② 在《形而上学导论》中,海德格尔反复叙说一个命题:究竟为什么在者在而无反倒不在? 他认为这是形而上学的基本问题。这里的"无"就是"虚无"。学术界普遍认为,海德格尔进行的是纯粹的形而上学本体论研究。也就是说,它是一种绝对的、无条件的、纯粹的哲学研究。因为这里的"在""存在"或"在者"与现实条件毫无关系。

海德格尔通过现象学方法及构建的基础存在论深化了对现代虚无主义的批判,在其研究尼采哲学的专著《尼采》中系统阐释了双方对虚无主义的理解差异。

海德格尔明确指出:"存在者整体是虚无的。"③海德格尔将尼采所说的"上帝死了"解释为"超感性世界没有作用力了",即"形而上学终结了"。④ 同尼采一样,海德格尔将"虚无主义"把握为一种目标和力量的缺失。海德格尔揭示道:"不再有任何目标,能够把民众的历史性此在的一切力量联合起来,能够使一切力量为着这个目标发挥出来;不再有任何这样的目标,这就是说,不再有任何一个目标同时而且首先具有这样一种强力,它能够借此强力把此在一体地逼入其领域之中,并且使之创造性地展开出来。"⑤海德格尔批评尼采仅仅从价值哲学或价值论的层面来批判现代虚无主义,而没有从"存在"或"存在论"的层面来批判现代虚无主义,因此他认为尼采的现代虚无主义批判尚未切中现代虚无主义的本质,依然停留于西方传统形而上学的轨道之中。在海德格尔看来,一向以反柏拉图主义者自居的尼采实际上也还是一个柏拉图主义者,因而将其看作是西方最后一位形而上学家。基于此种见解,海德格尔将现代虚无主义问题由尼采的"价值问题"转换成了"存在问题"。在海德格尔看来,西方传统形而上学的历史就是一部"存在之被遗忘"的历史,而虚无主义正是"自生存主义问世以

---

① [德]海德格尔著,熊伟、王庆节译:《形而上学导论》,商务印书馆,2015年,第70页。
② [德]海德格尔著,熊伟、王庆节译:《形而上学导论》,第92页。
③ [德]海德格尔著,孙周兴译:《尼采》,商务印书馆,2010年,第457页。
④ [德]海德格尔著,孙周兴译:《林中路》,上海译文出版社,2014年,第211页。
⑤ [德]海德格尔著,孙周兴译:《尼采》,第186页。

来重新泛起的对存在问题的曲解"①。那么,要克服现代虚无主义就必须重启对"存在问题"的追问,从而揭示出存在之真理和存在之意义。但是,存在之真理和存在之意义的揭示又有赖于对人的本质的揭示。海德格尔将人与存在的关联看作是人的本质,认为,"人之为人处于与存在的关联中"②,"人在与存在的关联中承担起存在之看护"③。海德格尔认为,传统形而上学始终是在存在者的层面去思考"存在问题"的,因而也就最长久地遮蔽了"存在问题"——"我们在存在者中间逡巡,奔波跋涉,却不再知道,存在所处的情形如何"④,同时,也就最长久地遮蔽了人的本质问题。正如海德格尔所说:"形而上学并不追问存在之真理本身。因而,形而上学也绝不追问人的本质以何种方式归属于存在之真理。"⑤那么,在海德格尔看来,什么是人的本质呢?海德格尔说:"此在的'本质'在于它的生存。"⑥人在生存中承担起探寻存在之真理和领悟存在之意义的责任,"存在"在人的生存活动中得以"澄明"。因此,海德格尔明确指出,"人是存在之澄明——人就是这样称其本质的"⑦。也就是说,人在对存在之意义有所领悟的过程中就已经超越了一般的存在者而成其本质了。海德格尔通过对"存在问题"和"人的本质问题"以及二者之间的关系的不懈追问,阐明了自己克服现代虚无主义的独特路径,表达出其对人的生存论关怀和对人生价值的不懈追求。与现代虚无主义对人生价值的否定不同,每一个试图超越现代虚无主义生存处境的现代人都力求实现自己的人生价值。那么,什么是人生价值呢?正如王艳华教授所言:"人生的意义就在于过一种本真的无遮蔽的生活,直面自己最本己的可能性并进行筹划,成为真实的自我。"⑧对人生价值的追求就是对实现人的本质的现实规定性的追求,就是对人的自由个性的追求。

---

① [德]海德格尔著,熊伟、王庆节译:《形而上学导论》,第232页。
② [德]海德格尔著,孙周兴译:《尼采》,第894页。
③ [德]海德格尔著,孙周兴译:《路标》,商务印书馆,2014年,第365页。
④ [德]海德格尔著,熊伟、王庆节译:《形而上学导论》,第232页。
⑤ [德]海德格尔著,孙周兴译:《路标》,第381页。
⑥ [德]海德格尔著,陈嘉映、王庆节译:《存在与时间》,商务印书馆,2015年,第58页。
⑦ [德]海德格尔著,孙周兴译:《路标》,第384页。
⑧ 王艳华:《意义的追寻:西方哲学家对人生意义的追问与反思》,吉林大学出版社,2016年,第197页。

海德格尔的人生价值理论深刻揭示了人的存在本质、自由与责任、技术与现代人的生存困境以及诗意地栖居等核心问题。他通过现象学方法和对存在之思的探索,为我们提供了一种全新的视角来理解和面对人生。在海德格尔看来,人生的价值在于不断地追问和领悟存在本身,通过自由的选择和承担责任来实现自我超越和精神的升华。

3.萨特:存在先于本质

当我们在存在主义的"思想之途"中遇到萨特,就会发现他不仅是法国存在主义的领袖之一,也是整个存在主义哲学流派中最著名的代表之一。萨特的人生价值理论是其存在主义哲学和美学的核心组成部分,主要体现在他对人的自由、存在、选择和责任等方面的深刻探讨。他不仅推动了存在主义哲学的整体发展,也将存在主义哲学原理引入到文学和政治活动中,并使得它成为一种风尚。与海德格尔一样,萨特同样不关心主客分化之后的知识对错问题,他的主要关注点是人的精神状态,即对事物进行反思前的"我思"状态,这种状态被海德格尔称为"存在性"的而非知识性的,萨特认为正是这种未经反思的自我意识体现了人的在世和自由,并以此为原则建构起自己的存在主义哲学体系。相较于海德格尔的纯粹存在论的哲学旨趣,萨特更为关注"此在存在论"的社会政治效应,因此,在具体的问题上,萨特要比海德格尔走得更远,人的自由以及人的自为的生存是他最为关注的根本问题。

由于受到胡塞尔(意向性理论)的影响,萨特希望用现象学的方法克服二元论,他不再到现象背后去找寻存在,而把现象本身看作是存在。在他看来,在人的生存现象之外并没有一个"背后"的本质,现象本身就是存在和本质的直接体现,就是存在本身。为此,萨特提出"存在先于本质",并把其奉为"存在主义的第一原理"。从这一原理出发,他认为以往哲学在"存在与本质"关系上的不足之处就在于把人降到了物的地位从而贬低了人。他说:"我们说存在先于本质的意思是指什么呢?意思是说首先有人,人碰上自己,在世界上涌现出来,然后才给自己下定义。如果人在存在主义者眼中是不能定义的,那是因为一开头人是什么都说不上的。"①在萨特看来,人首先得生下来,首先得存在,才能选择造

---

① [法]萨特著,周煦良、汤永宽译:《存在主义是一种人道主义》,上海译文出版社,1988年,第8页。

就自己的本质,这是"自为存在"的人区别于其他一切事物的标志。"人首先是存在——人在谈得上别的一切之前,首先是一个把自己推向未来的东西,并且感觉到自己在这样做。人确实是一个拥有主观生命的规划,而不是一种苔藓或者一种真菌,或者一棵花椰菜。在把自己投向未来之前,什么都不存在,连理性的天堂里也没有他,人只是在企图成为什么时才取得存在。"①萨特认为,除人之外的其他事物,是不可能先存在而后获得它的本质,事物总是先有本质,而后才有存在。他曾以裁纸刀为例来说明这一特征,制造者在制造裁纸刀之前,早就已有关于裁纸刀(本质)的观念。"所以我们说,裁纸刀的本质,也就是使它的制作和定义成为可能的许多公式和质地的总和,先于它的存在。"②也就是说,人赋予"自在存在"的外界事物以本质。通过对"自在"与"自为"两者关系的阐述,萨特展开了人的意识同外部世界的关系。萨特认为,所谓"自在",指的是外部世界,它是标志客观存在的范畴,但它又不等同于具体的物质存在物,因为当我们将这些具体的存在物表述出来时,他们已不是非意识的"自在"的存在了,因此只能说这些具体存在物有"自在的存在",萨特给这种"自在"归纳了三个基本特征:"在在,在是自在的,在是其所是",也就是说,"自在"是纯粹无条件地存在着,它不依赖于他物也不知道自己是何物,它与自身完全等同,它就是它现在所是的样子,没有过去和未来,这一没有任何目的的自在世界在萨特看来就是一个缺乏意义的荒谬世界。因此他指出,正是由于"自为"的存在,"自在"才能获得存在的意义和价值。萨特认为,所谓"自为",指的是人的意识,它是标志人的自我或人的现实的范畴,人作为"自为"的存在具有能动性。在萨特看来,"自为"具有时间的流变性,它是其现在所不是的东西,而不是它现在所是的东西,它永远处在运动变化的过程中,不断否定着自己,并通过这种否定和虚无将自在展现为丰富的世界。萨特认为"自在"和"自为"是不可分的,自在的存在是杂乱、偶然、惰性的存在,是完全无意义的浑浑噩噩的存在,它无法意识到自己的存在,更不能选择和造就自己的本质,只有借助于人的意识,当被人的意识触及之时,它才呈现出秩序和条理,从而获得存在的意义和价值。也就是说,在萨特看来,外部世界的因果规律等并非客观本质所固有,是由人主观赋予的。但这并不是说意识派

---

① [法]萨特著,周煦良、汤永宽译:《存在主义是一种人道主义》,第8页。
② [法]萨特著,周煦良、汤永宽译:《存在主义是一种人道主义》,第7页。

生存在。萨特明确指出,主观是无力构成客观事物的,非意识的存在并不是意识活动所创造的,在被意识揭示之前,它就已经现实地存在着了。在他看来,意识是使存在本身显现为现象的存在的条件,"自为没有给自在增加任何东西,但是自在存在的意义、秩序和生命,统统是由自为的存在所赋予的"①。

从"存在先于本质"的原理出发,根据人的"自为存在",萨特给出了"人是绝对自由的""自由是人的本质"这样的结论。他说:"因为如果存在确是先于本质,人就永远不能参照一个已知的或特定的人性来解释自己的行动,换言之,决定论是没有的——人是自由的,人就是自由。"②也就是说,自由是人的本质,人的自为存在就是自由。萨特认为,自由不是人争取的结果,而是人无法摆脱的存在状态,人是被判处自由的,只有实现自由人才能获得自己的本质。人的自由在萨特那里体现为个人主观选择的自由。他认为人的自由就是选择的自由,不选择实际上就是选择了放弃选择。自由就是选择或否定选择的权利。萨特通过对人的处境的概括与分析论述了人的自由。他将人的各种处境概括为五种方式(位置、过去、周围、邻人和死亡),利用"处境"这一概念,他从人与外部世界的关系中论证了人的自由的绝对性。"五种处境,看起来像是人的自由的障碍,但事实上每一种处境都不能阻止人的自由选择,人在处境中是绝对自由的。处境是自由的产物,不是处境决定人的自由选择,而是自由选择赋予处境以意义。"③萨特认为,人无论生活在何种处境之中,都有选择或否定选择的自主权。人虽然不能选择自己的现实处境,但是人可以通过自由的行为选择赋予处境以意义,这是绝对自由的。因此,人必须自由地介入到处境中,以自由选择的行动超越处境,在超越处境的过程中塑造自我。因此,对萨特而言,生活的意义就在于对生活进行不断的思考,他虽然认定存在的基础是虚无,但却坚持在虚无之中确立自身的存在,在无意义的空虚中充实自己的生命,追求自由并承担起自己的责任。剥去《存在与虚无》这部著作厚重的概念外壳,其实我们不难发现,萨特不仅是一个对生命意义进行不懈探索的思考者,更是一个为自己的信仰勇敢斗争的坚强战士。

---

① 许崇温:《存在主义哲学》,中国社会科学出版社,1986年,第13页。
② [法]萨特著,周煦良、汤永宽译:《存在主义是一种人道主义》,第12页。
③ [法]萨特著,何林译:《存在主义给自由带上镣铐》,辽海出版社,1999年,第185页。

萨特存在主义哲学中的自由理论具有鲜明的个人主义与主观主义倾向。其理论构建基于个体绝对自由的预设，导致对人的社会历史属性的理论忽视，未能建构个人自由与集体自由之间的有效关联机制。随着现实社会结构的变迁，其思想体系与实践领域的张力日益凸显，部分西方学者甚至以"神秘信仰跃迁"讽喻其哲学立场与左翼政治实践的断裂状态。这种理论困境直接导致萨特哲学内部的根本性矛盾，既主张人类拥有不受限定的自由选择权，又承认现实层面自由常被异化为逃避责任的自我辩解工具；既强调人的精神尊严与人性价值，又通过"他人即地狱"的命题消解主体间性关联。面对理论危机，萨特后期逐步调整对马克思主义的批判立场，尝试构建存在主义与历史唯物主义的互补框架。然而正如马克思指出的，个体发展始终嵌入于社会关系网络之中，萨特哲学实质映射着二战前后资本主义社会人际关系的异化图景，在"祛魅时代"为个体提供存在论慰藉的同时，因其忽视人类存在的整体性维度而陷入消极境遇，未能真正破解个体生存的现实困境。

尽管萨特的人生价值理论具有深刻的洞见和重要的现实意义，但也存在一些值得反思和批判的地方。例如，他对自由的绝对化强调可能忽视了社会现实对人的限制和约束。萨特将自由视为人的根本属性，但这种自由往往是抽象的和理想化的，在现实生活中，人的自由往往受到各种社会、经济和文化条件的限制和约束。他对责任感的过分强调也可能导致对个人自由和创造性的压抑，萨特强调对选择后果的承担，但这种责任感可能会过分压抑个人的自由和创造性。在现实生活中，人需要有一定的自由和空间来发挥自己的创造力和想象力。

总之，在风云变幻、动荡不安的 20 世纪前后，伴随着西方现代文明危机的显现，涌现了一批关注人的现实生存的思想家，他们启迪了人们的生命反思和意义追问，他们追求着看上去毫无功用却极其崇高的东西，为了这"无用"又"无功利"的信仰，他们不惜任何代价历尽心灵的种种磨难苦苦求索，给人类文明留下了弥足珍贵的精神财富和思想资源。只是，由克尔凯郭尔开启的这种存在主义路向过于关注个体自我，它所提供的思想体系能否引导无数单子化的个人在现实生活世界中达致本真生存，这是一个令人疑虑的问题。当视他人为地狱的萨特将个体生存的"自由选择"推向极端之后，存在主义的地位逐渐被解构主义所取代，这虽然并不意味着存在主义哲学生存论转向的终结，却也揭示了其自身无法破解的难题，即对人生存的个体化、内在化的理解。当人的共同性、普遍性被消解之后,个体只能沦为一个个孤立无援的杂多。

二、社会学维度

(一)实证主义的人生价值理论

实证主义也是伴随着近代科学的蓬勃发展而产生的一种哲学思潮。它将"科学"与"实证"划等号,执迷于"实证",坚信一切真知都必须来源于人的经验,是头脑对经验材料进行加工整理的产物,还必须能够被后来的经验反复加以证实。它反对进一步思考诸如"是什么东西在经验背后支配着经验"等哲学本体论问题,认为这类问题因与"实证"无缘,都是无法解决的形而上学的"假问题"。

1.奥古斯特·孔德:利他主义的人生价值

社会学家奥古斯特·孔德是实证主义的创始人之一,实证主义把科学方法引入社会学领域,主张通过观察和实验来认识世界并揭示社会现象的本质和规律。他强调只有通过科学方法,才能摆脱主观臆断和偏见,获得对社会的客观认识。

孔德的人性论围绕情感、才智、活动三重属性展开,其中情感构成人性本质并主导行为方向。他认为情感作为人性的核心要素,不仅塑造个体认知框架,更决定实践目标的设定与实现路径。他区分了利己主义的秉性和利他主义的精神,认为人的情感逐渐由本能性情感向高级情感、由个体性情感向社会性情感、由利己性情感向利他性情感上升。才智包括理解和表达两个方面,孔德认为才智是指挥手段或控制手段,而非行为的直接动力。才智的发展使人类能够更好地认识和改造世界,但其本质仍服务于情感目标。活动是人性的重要组成部分,认为人生来是为了行动。活动的动力来自情感,而非才智。孔德将活动分为行事的勇气、行动中的谨慎以及实现目标时的坚毅,这些品质共同塑造了人的实践能力和社会角色。

孔德的人性论思想中,利他主义占据重要地位。孔德提出"大写的人类性或人道(Humanity)是最高的存在者",倡导人们像中世纪的基督教徒崇拜上帝一样崇拜人道,使政治完全服从于道德。这种观念实际上将人的道德生活的最高形态定义为对人性和人类的爱和为人类服务。他分析了利他主义的可能性及实现路径,认为利他主义情感及行为的存在有着现实的依据。他指出,在利益一致的情况下,为己利他是合理的道德原则;而在利益冲突的情况下,无私利他则是维护社会秩序和公共利益的必要选择。利他主义不仅有利于社会和谐,还能促进个人幸福。孔德认为,通过帮助他人和实现公共利益,个人可以获得内心的满足和成就感,从而实现更高层次的人生价值。他认为,通过培养利他主义精神,可以实现个人与社会的双赢,推动社会向更加和谐、进步的方向发展。

2. 约翰·穆勒

约翰·斯图亚特·穆勒作为功利主义理论的集大成者,其人生价值观深刻地反映在对功利主义伦理思想的阐释之中。穆勒认为,追求快乐和避免痛苦是人的本性,亦是道德行为的准则;社会存在的目的,在于增进最大多数人的最大幸福。他强调,在追求幸福的过程中,应当兼顾幸福的数量与质量,从而将功利主义提升至精神层面。此外,穆勒还积极捍卫言论自由,视其为实现公民社会与进步之基石。穆勒的人生价值理论,可从以下几个方面进行深入分析:

第一,对最大幸福的追求。穆勒的人生价值观首先体现在他对"最大幸福"的不懈追求上。他认为,幸福是人类追求的终极目标,其他事物之所以值得追求,是因为它们是幸福的组成部分,或是增进幸福的手段。穆勒主张,功利主义所倡导的最大幸福原则,不仅关注个人的幸福,更强调社会及他人的幸福。这种幸福不仅包括感官上的愉悦,也涵盖了精神上的满足与完善。穆勒进一步指出,幸福不仅在量上有差异,在质上亦有所不同。他反对将幸福简化为单纯的感官享受,认为更高层次的快乐,如理智的快乐、情感的快乐、想象的快乐以及道德情感的快乐,其价值远超低级感官的快乐。这种对幸福质的重视,展现了穆勒对人生价值的深刻洞察。他认为,人们应追求那些能够促进心灵完善和精神提升的快乐,而非仅仅追求物质欲望的满足。

第二,个体与社会利益的平衡。穆勒的人生价值观还体现在他对个体与社会利益平衡的关注上。他认为,在个人幸福与社会及他人幸福发生冲突时,行为者应采取客观立场,对两种幸福进行权衡,以追求最大幸福为目标。这种平衡个体与社会利益的观点,反映了穆勒对社会责任的重视。

在穆勒看来,个人行为的合理性,不仅取决于其是否能增进个人的幸福,还取决于其是否能增进社会及他人的幸福。这种对社会责任感的强调,使得穆勒的功利主义伦理思想超越了个人主义的范畴,呈现出集体主义的倾向。它要求人们在追求个人幸福的同时,也需考虑社会及他人的利益,以实现个体与社会的和谐共存。

第三,对良心与道德的坚守。穆勒的人生价值观还体现在他对良心与道德的坚守上。他认为良心作为客观精神实体,构成人类内在的善恶判断力,这种判断力驱使个体主动追求利他行为,并在违背道德准则时引发自我谴责。正是通过这种将道德责任内化于个体意识的结构性机制,穆勒的功利主义伦理体系获得了超越纯粹结果计算的道德约束维度,使行为评价标准不再局限于后果效用,更包含主体内在的价值自觉。穆勒强调,良心不仅是一种内在的道德感,还是一种社会感情。这种社会感情在人们的本性中自然生长,并通过后天教育得以强化。它使人们能够超越个人私利,关注社会及他人的利益。在穆勒看来,正是这种良心的存在,使得人们在追求个人幸福的同时,也能遵守道德规范,维护社会的公平与正义。

第四,对理性与至善的追求。穆勒的人生价值观体现在他对理性与至善的不懈追求上。他认为,功利主义不仅是一种感性的合宜行为,更是一种理性的至善。在穆勒看来,至善是一种理想的道德境界,它要求人们在追求幸福的同时,也关注道德的完善与提升。穆勒强调,理性在功利主义伦理思想中扮演着至关重要的角色。它要求人们在面对复杂的社会现象和道德困境时,能够运用理性思维进行分析与判断,以做出正确的道德选择。这种对理性的强调,赋予了穆勒的功利主义伦理思想一种科学性和严谨性。同时,穆勒也认为,至善是功利主义的终极追求。它要求人们在追求幸福的过程中,不断提升自己的道德境界,实现心灵的完善与精神的提升。这种对至善的追求,使得穆勒的功利主义伦理思想具有了一种超越性和理想性。它鼓励人们不断超越个人的私利与局限,去追求更高尚的道德目标与人生价值。

第五,对正义与自由的捍卫。穆勒认为,正义是功利主义的重要原则之一,它要求人们在追求个人幸福的同时,也尊重他人的权利与利益,维护社会的公平与正义。在穆勒看来,正义不仅是对个人行为的规范,也是对社会制度的评价标准。同时,穆勒也强调自由的重要性。他认为,自由是人性的基本需求之一,也是实现个人幸福和社会进步的必要条件。在穆勒看来,自由不仅包括思想自由、言论自由等个人权利,也包括经济自由、社会自由等更广泛的领域。他反对任何形式的专制与压迫,主张通过自由竞争和民主制度来实现社会的进步与发展。

第六,对多元价值观的包容。穆勒的人生价值观还体现在他对多元价值观的包容上。他认为,不同的人可能有不同的价值观和生活方式,这些差异是合理的且应当被尊重。在穆勒看来,功利主义并非一种强制性的道德标准,而是一种指导人们行为的理性原则。它鼓励人们在追求个人幸福的同时,也关注社会及他人的利益,但并不要求所有人都遵循相同的价值观和生活方式。穆勒的这种多元价值观的包容性,使得他的功利主义伦理思想更加开放和灵活。它允许人们在不同的文化和社会背景下,根据自己的实际情况和需要来理解和应用功利主义原则。这种包容性也使得穆勒的功利主义伦理思想更加符合现代社会的多元性和复杂性。

穆勒的人生价值观还体现在他对实践理性的强调上。他认为,功利主义不仅是一种理论上的道德原则,更是一种指导人们实际行为的实践理性。在穆勒看来,实践理性要求人们在面对具体问题时,能够运用功利主义原则进行分析与判断,以做出符合道德要求的行动选择。穆勒强调,实践理性不仅关注行为的后果和影响,还关注行为本身的合理性和正当性。它要求人们在追求个人幸福的同时,也要考虑行为的道德意义和价值。这种对实践理性的强调,使得穆勒的功利主义伦理思想更加具有现实性和可操作性。它鼓励人们在日常生活中积极践行功利主义原则,为实现个人幸福和社会进步贡献自己的力量。

最后,对社会责任的担当。穆勒的人生价值观最终体现在他对社会责任的担当上。他认为,作为一个有道德的人,不仅要关注自己的幸福和利益,还要关注社会及他人的幸福和利益。在穆勒看来,社会责任是每个人不可推卸的义务和责任。它要求人们在追求个人目标的同时,也应积极参与社会事务和公益活动,为社会的发展和进步贡献自己的力量。穆勒强调,社会责任不仅是对他人的帮助和支持,也是对自己的提升和完善。通过履行社会责任,人们可以培养自己的道德品质,增强公民意识,实现个人价值和社会价值的统一。这种对社会责任的担当精神,使得穆勒的功利主义伦理思想更加具有高尚性和崇高性。它鼓励人们超越个人的私利和局限,去关注更广泛的社会利益和人类福祉。

综上所述,穆勒的人生价值观体现在他对最大幸福的追求、对个体与社会利益的平衡、对良心与道德的坚守、对理性与至善的追求、对正义与自由的捍卫、对多元价值观的包容、对实践理性的强调以及对社会责任的担当等多个方面。这些价值观共同构成了穆勒功利主义伦理思想的核心内容,也为现代社会提供了宝贵的道德指引和人生智慧。

(二) 马克思主义的人生价值理论

马克思在自己的著作中很少直接论及人生价值,但是从他的表述可以看出,人生价值是他高度关切的内容,他对人生价值的思考和认识是辩证而深远的。他从对现实关系所作的分析中来论述人的价值,他对人生价值的揭示,是在充分吸收和批判借鉴前人相关理论的基础上产生的,他曾从多个角度和不同层面做过丰富多彩的论述。马克思在其早期作品《德谟克利特与伊壁鸠鲁自然哲学的差别》《1844年经济学哲学手稿》和《德意志意识形态》中,考察和分析了人生价值的一些基础理论,提出了人的价值中的存在和意识、人的需要和满足、人生存的方式和条件等命题,并用客观辩证的方法进行了推演。最终在《共产党宣言》中发出为绝大多数人谋利益的号召,以此作为人生价值实现的最高评判标准。

马克思人生价值理论以现实的个人为逻辑起点。相较于传统形而上学与宗教神学对人本质的抽象化处理与遮蔽,马克思解构了超验世界对现实经验的宰制,将人的本质生成机制锚定于具体生存实践的展开过程。马克思主义哲学立足于历史唯物论,确立了社会存在决定社会意识的基本原理,主张人生价值的实践标准在于对社会历史进程的客观贡献。在社会主义制度框架内,个体价值通过参与共同理想建构与社会进步事业得以实现。该理论聚焦社会不平等与阶级矛盾的实践根源,强调社会现象作为人类关系产物的本质属性,主张通过社会结构与制度批判实现根本性变革。若将生存论的价值目标定位为对现实生存境遇的深度关切与个体自由本质的充分显扬,那么马克思哲学堪称现代西方哲学中基于现实生存实践的生存论思想的最高成就。

1.马克思主义人生价值实现的社会条件

(1)发展生产力

人生价值的实现必然根植于特定的社会物质基础,其现实路径直接受制于生产力发展水平。马克思明确指出,任何价值追求都"以生产力的巨大增长和高度发展为前提的"[①]。生产力不发展,人的价值就无法实现。人类解放的物质条件只能通过工业革命等生产力变革得以奠定。在马克思看来,没有工业革命

---

① 《马克思恩格斯选集(第1卷)》,人民出版社,2012年,第166页。

的发生,就不会消灭奴隶制;如果不能保证人们衣食住用的生活质量,就谈不上人们的解放。事实上,人的自由和发展不是由人的理想所决定的,"而是在现有的生产力所决定和所容许的范围之内取得的"①。在物质资料生产方式构成社会存在基础的现实语境中,生产力发展不仅为个体价值实现提供必要的物质保障,更通过工具系统的革新与劳动对象的扩展,持续强化着人类改造自然的本质力量。人的本质力量不断加强和物质生产资料不断丰富,就可以为社会成员的全面发展提供优裕的物质条件。但是,人们不可能自由地选择生产力,任何人实现价值的能力是接受和获得社会历史成就的结果,是在掌握前人生产力的基础上取得的,都很难超越其所处时代生产力的发展水平,因此,人们"并不是随心所欲地创造"他们自己的价值。生产力的发展不仅可以直接为人的全面发展提供物质财富,而且可以通过促进生产关系、政治制度的改变间接地为人的全面发展提供各个方面的社会条件。马克思说,"只有随着生产力的这种普遍发展,人们的普遍交往才能建立起来。普遍交往……最后,地域性的个人为世界历史性的、经验上普遍的个人所代替"②。生产力的发展扩大了生产规模,改进了交通和通信技术,扩展了人们之间的交往,为人的关系的全面发展提供了物质条件。

(2)社会分工

分工作为社会生产发展的必然产物,同时构成推动生产力持续演进的核心动力。其通过将生产过程解构为相互关联的专门化任务链条,既确保了生产流程的连续性运行,又催生出劳动领域的专业化分工体系,这种专业化进程不仅显著提升了劳动者的技能熟练程度,缩短了单位劳动时间消耗,更通过规模效应的释放形成了超越简单协作模式的巨大生产力,从而为人类解放奠定了必要的物质技术前提。然而,特定历史条件下的分工形态必然内嵌于具体社会关系结构之中,其塑造的劳动方式既体现着特定生产阶段的本质特征,又反向制约着劳动者的发展可能性。马克思说:"社会大分工,即城市和乡村的分离……它破坏了农村居民的精神发展的基础和城市居民的体力发展的基础……个体本身也被分割开来,成为某种局部劳动的自动的工具,这种自动工具在许多情况下只有通过

---

① 《马克思恩格斯全集(第3卷)》,人民出版社,1960年,第507页。
② 《马克思恩格斯选集(第1卷)》,人民出版社,2012年,第166页。

工人肉体的和精神的真正畸形发展才能达到完善的程度。"①这种分工状态不仅割裂了人的完整属性,更通过需求体系的碎片化重构,使劳动者陷入片面化生存境遇,其自主发展可能长期受制于既定分工位置的规训。分工与生产力之间存在着辩证互动关系:既作为生产力发展水平的客观标尺,又通过自身演变轨迹反作用于生产力布局;既为个体能力发展提供专业训练路径,又因职能固化倾向而制造异化风险。这种双重性决定了分工对人生价值的实现具有双重效应,既可能通过专业能力深化开辟价值实现通道,也可能因角色固化而制造发展障碍,其最终影响取决于分工体系与具体社会条件的动态适配程度。

(3) 社会形态

社会经济形态的发展要经历自然经济、商品经济、产品经济三个发展阶段。马克思认为,在不同的阶段,人类有不同的演进形态。在自然经济发展阶段,在这种"人的依赖性关系"的社会形态下,"人的生产能力只是在狭窄的范围内和孤立的地点上发展着"。在这一阶段,由于人们之间的关系主要表现为人身依附的内部关系,个体的价值往往被群体或社会结构所掩盖。如果个人的自我价值难以得到充分的体现和实现,社会价值也相对有限。在商品经济发展阶段,在以"物的依赖性为基础的人的独立性"形态下,"才形成普遍的社会物质交换、全面的关系、多方面的需求以及全面的能力体系"。在这一阶段,虽然个人的独立性得到了一定的提升,但同时又受到了物的制约和束缚。个体在追求物质利益的过程中,可能会忽视对精神价值的追求和实现对社会的贡献。然而,这也为个体提供了通过努力和奋斗实现自我价值和社会价值的机会和平台。以此为条件发展起来的第三个阶段,即产品经济发展阶段,是"建立在个人全面发展和他们共同的社会能力成为他们的社会财富这一基础上的自由个性"的形态。在这一阶段,个人得以全面发展,自由个性得以实现。个体可以根据自己的兴趣和爱好选择适合自己的生活方式和职业道路,充分发挥自己的才能和潜力。同时,个体也可以更好地为社会做出贡献,实现自己的社会价值。在这一阶段,自我价值和社会价值得到了高度的统一和融合。马克思关于人的发展阶段的理论,本质上旨在阐释人的发展与社会进步之间的内在统一性。作为具有个性的存在,人的发展体现在身体与心理的成熟,以及个人感知能力、思维能力、价值判断力和道

---

① 《马克思恩格斯选集(第3卷)》,人民出版社,2012年,第679页。

德能力的持续提升。这种发展揭示了人的发展的深度与广度。在社会历史的实践中,个体从受制于自然、社会及自身规律的状态,逐步提升自我认知,最终实现从各种束缚中解放,成为自然、社会及自身的主宰。这一过程标志着从"必然王国"向"自由王国"的质的飞跃。只有在深刻理解马克思主义关于人的发展理论的基础上,通过社会实践的磨砺与检验,人们才能正确地认识人生,自觉地树立科学的价值观与人生观,抵制各种错误思潮,逐步走出价值认识的误区,摆脱价值虚无主义带来的困惑,为个人的全面与自由发展奠定坚实的理论基础。

2.马克思主义人生价值的实现

马克思认为人是实践的人,"人的本质并不是单个人所固有的抽象物。在其现实性上,它是一切社会关系的总和"①。因而,有生命的、现实的个人是有特殊化处境的、历史的人,他的"意志和意识",他的"情"和"理"以及他的人生价值都不是抽象的。实践展示出的人生价值就是人的生命活动的普遍性或"自由自觉"。因此,只有把实践的概念引入生命的活动,人生价值的内涵才会是事实与价值的统一。就人生价值而言,马克思指出:"既然人天生就是社会的产物,对于他的天性的力量的判断,也不应当以单个个人的力量为准绳,而应以整个社会的力量为准绳。"②所以,"评价一个人的价值,不仅在于他的存在和需要是否从社会、从他人那里得到承认和满足,更重要的在于他为社会、为他人尽了什么责任,做出了什么贡献"③。人的价值在于为社会做出实实在在的贡献,人生价值的高低以对社会的贡献(物质贡献与精神贡献)为准则。由此在人生幸福观上,马克思坚持"如果一个人只为自己劳动,他也许能够成为著名学者、大哲人、卓越诗人,然而他永远不能成为完美无疵的伟大人物",只有"那些为共同目标劳动并因此使自己变得高尚的人",才是"伟大人物";只有"那些为大多数人带来幸福的人",才是"最幸福的人"。④ 就理想人格而言,马克思并未仅停留在批判现实和提出社会理想上,而是力求在发现社会发展规律的同时揭示人的发展规律,寻找理想人格发展的现实道路。马克思指出,人的个性自由发展是历史的产

---

① 《马克思恩格斯选集(第1卷)》,人民出版社,2012年,第135页。
② 《马克思恩格斯全集(第2卷)》,人民出版社,1957年,第167页。
③ 胡乔木:《关于人道主义和异化问题》,《红旗》1984年第1期。
④ 《马克思恩格斯全集(第40卷)》,人民出版社,1982年,第7页。

物,资本主义商品生产"在产生出个人同自己和同别人的普遍异化的同时,也产生出个人关系和个人能力的普遍性和全面性"①。"代替那存在着阶级和阶级对立的资产阶级旧社会的,将是这样一个联合体,在那里,每个人的自由发展是一切人的自由发展的条件",因而未来的社会是"一个更高级的、以每个人的全面而自由的发展为基本原则的社会形式"②,人的"个性自由发展"被奉为比资本主义更高级的社会形式的"基本原则"。马克思主义认为,实现个性自由发展的理想人生价值体现在三个维度:首先是人的活动及各类能力的全面发展,这涵盖体力与智力、自然力与社会力、个体能力与集体能力、潜在能力与现实能力等多个层面;其次是社会关系的全面丰富,包括经济、政治、伦理、生活交往等多元关系领域,并实现对这些社会关系的全面占有与共同治理;最后是人的个性自由发展,这既指生理、心理、社会等个体素质独特性的充分展现,也体现为这种个性在社会生活各领域的自由表达。马克思主义人生价值观强调,人生价值根植于人类社会历史进程,其现实基础是高度发达的社会生产力及由此形成的社会物质条件。个体唯有置身于复杂多变的社会实践中,才能充分展现主观能动性,持续实现自我超越与价值提升。

(1) 价值主体:主体地位的确立

历史唯物主义理论指出,人类作为社会历史的主体,其历史本质上是人类自身的历程。明确人类在社会历史中的地位与作用,有助于厘清人类肩负的历史责任,同时为正确理解人类价值观奠定基础。传统唯心主义哲学,包括宗教神学在内,尽管形式多样,但普遍倾向于贬低或忽视人类在宇宙中的地位。传统唯心主义哲学体系及宗教神学理论,尽管呈现形态各异,但普遍存在贬抑人类主体性的理论倾向。这类思想传统将人类存在归因于绝对观念、神性实体或超验存在的主宰作用,主张人类物质存在与精神活动均由外在超验力量所决定,人类在宇宙秩序中仅处于从属地位。在这些理论框架内,绝对精神或神灵被确立为宇宙秩序的最终裁决者,人类被限定为被动接受者,其所谓历史使命实质是服从既定秩序的规训过程,无法形成真正自主的价值认知体系。例如,道德观念被视为天赋或由上帝注入人心,而非人类自身实践的产物。这种观念是虚无主义形成的

---

① 《马克思恩格斯全集(第 46 卷)》,人民出版社,1979 年,第 109 页。
② 《马克思恩格斯选集(第 1 卷)》,人民出版社,2012 年,第 422 页。

重要根源之一。恩格斯曾说过:"费尔巴哈的《基督教的本质》的出版,直截了当地使唯物主义重新登上了王座。"①这是费尔巴哈对唯物主义哲学乃至人类的巨大贡献。在这个意义上,人生价值与人的地位和历史使命有必然关系。

马克思主义在扬弃旧唯物主义的基础上,以科学的实践观为基础,辩证审视人在宇宙间的地位和历史使命,提出人是宇宙的主宰和社会实践的主体。马克思把价值理解为"关系"范畴,"人们对待满足他们需要的外界物的关系中"②,这种"关系"就是价值关系。整个物质世界通过"为我"获得其价值维度,因为人类主体通过价值判断赋予客观世界以意义内涵。价值关系中的"为我"体现着人的主体地位以及人在整个宇宙的至高无上的地位。人不仅是自身价值的体现者,更是新价值的创造者和拥有者。既然人是社会实践的主体,价值是在实践中创造的,那么可以说,人是价值的源泉。在这个世界上,人占据最高的主导地位。这个地位不是由什么神仙赏赐的,也不是绝对精神的产物,而是由人自己的实践活动及其客观结果所决定的,即人是因为自己的实践而成为人的,具有人的独特的存在意义和价值。在全部人类的活动中,最基本的实践形式就是劳动,劳动创造了人和社会,推动着社会的发展变化。由此,马克思把劳动看作社会历史的起点和逻辑的起点。

(2)人生价值的建构:人自由而全面的发展

人的自由全面发展构成其历史使命的核心维度,既包含改造客观世界的物质实践,也内含改造主观世界的自我完善要求。人们通过自己的能力改造客观世界,在这个过程中,"外部世界对人的影响表现在人的头脑中,反映在人的头脑中,成为感觉、思想、动机、意志,总之,成为'理想的意图',并且以这种形态变成'理想的力量'"③。人们通过有意识的、自觉的实践活动,把自己的目的、愿望和能力对象化到客体当中,实现客体主体化,从而成为人的和目的的对象性存在。同时,致力于社会实践,不断完善主体自身,在改造客观世界的同时,努力改造主观世界,这是主体改造自身的关键。马克思主义对人在宇宙中主体地位的规定,不仅与社会实践紧密相联,而且也科学阐述了人的历史使命和生存意义,

---

① 《马克思恩格斯选集(第4卷)》,人民出版社,2012年,第228页。
② 《马克思恩格斯全集(第19卷)》,人民出版社,2006年,第406页。
③ 《马克思恩格斯选集(第4卷)》,人民出版社,2012年,第238页。

即在实践中不断完善主体自身,同样是人自身的重大使命。

人的全面和自由发展是造就共产主义新人的关键。所谓全面自由发展,指人类能力体系在智力、体力及潜在可能性维度获得充分实现。首先,这种发展以人类本质力量的全面释放为基础,作为历史积淀与文化传承的结晶,人类潜能蕴含着多维发展可能性,其现实化过程通过创造性实践得以完成。创造性本质体现为对现实局限的突破与超越,主体在否定既有存在状态中构建新质生产方式与社会关系,既创造物质精神财富,又实现自身品德与能力的双重提升。其次,人的全面发展。人的发展不应当是单方面的,而应当是个性、潜能、体力和智力都得到发展和完善。资本主义生产方式通过精细化分工将劳动者禁锢于特定操作环节,使个体沦为机械体系的附属物,其兴趣爱好与多元被压制在狭窄的生存平面中,成为"单面人",个人不得不附属于机器,成为机器生产中的一个零件。人的爱好、兴趣和更多的才能被压抑在狭小的平面上,人成为"非人"的存在。为了克服资本主义制度的异化现象,马克思、恩格斯在《共产党宣言》中,指出了消除人的异化状态、实现人的全面自由发展的途径。马克思认为,人不是"物"的奴隶,也不是其他人的奴隶,更不是机器的奴隶。从根本上说,人是自己的主人。当然,人的历史主体地位的确立和巩固,不能依靠神灵的赏赐,而是要依靠自己的奋斗,依靠自己的社会实践而实现。人的地位的确立和全面发展的过程,也就是社会历史的变迁过程。人的发展与社会进步的总趋势是一致的。

3.中国马克思主义者的人生价值理论

中国马克思主义者从辩证唯物主义和历史唯物主义的哲学立场出发,看待价值重建问题,强调个人与集体的统一,强调人民群众的主体性,强调全人类的解放和人的全面发展,倡导共产主义的理想人格。

毛泽东同志在马克思主义人生价值论框架内实现了创造性发展,其思想体系呈现三个核心维度:其一,确立全心全意为人民服务的价值中枢,主张将人民群众的根本利益作为共产党人言行规范的根本准则和工作实践的终极指向,形成"人民利益至上"的价值判断标准;其二,构建人民内部矛盾协调机制,强调通过利益认知教育实现群众自觉团结,将社会历史进步贡献度确立为人生价值计量尺度,并实现这一客观标准与人民利益最大化原则的有机统一。他指出:"要使群众认识自己的利益,并且团结起来,为自己的利益而奋斗。"①其三,重构功利主义伦理范式,提出"无产阶级革命功利主义"命题,主张超越狭隘功利观,建立个人利益与人民利益、现实利益与长远利益的辩证统一关系,明确"世界上没有什么超功利主义,在阶级社会里,不是这一阶级的功利主义,就是那一阶级的功利主义。我们是无产阶级的革命的功利主义者,我们是以占人口百分之九十以上的最广大群众的目前利益和将来利益的统一为出发点的,我们是以最广大人民的当前利益和最远未来利益为目标的革命的功利主义者,而不是只看到局部和目前的狭隘的功利主义者。"②毛泽东指出无产阶级的义利观是个人利益和人民利益的统一,是目前利益和长远利益的统一。

邓小平与毛泽东同样重视世界观、人生观、价值观的构建,其人生价值体系以爱国主义、集体主义、艰苦奋斗、服务人民为核心要义,为当代社会提供了构建正确价值认知的丰富思想资源。他指出,要"把马克思主义的普遍真理同我国的具体实际结合起来,走自己的道路,建设有中国特色的社会主义,这就是我们总结长期历史经验得出的基本结论""中国人民有自己的民族自尊心和自豪感,以热爱祖国,贡献全部力量建设社会主义祖国为最大光荣,以损害社会主义祖国利益、尊严和荣誉为最大耻辱。"③邓小平严肃指出决不能采取自由主义的态度,而要开展积极的思想斗争,"使马克思主义和社会主义、共产主义的宣传,特别是在一切重大理论性、原则性问题上的正确观点,在思想界真正发挥主导作用"④。他多次强调要坚决反对一切向钱看的腐朽思想,反对无政府主义和极端个人主义,并对否定党的革命传统和共产主义道德的错误思想给予了极为严厉的批评。在马克思主义义利观发展层面,他提出按劳分配原则,承认物质利益的合理性,但明确限定其服务于全体人民利益的根本属性,反对将个人物质追求凌驾于国家集体利益之上,主张社会主义条件下国家、集体、个人利益的根本统一性,当发生矛盾时个人利益应服从整体利益。"三个有利于"的原则也是一种功利主义原则,它将道德和人民的利益结合起来,实质上是要求以国家和人民的根

---

① 《毛泽东选集(第4卷)》,人民出版社,1993年,第1318页。
② 《毛泽东选集(第3卷)》,人民出版社,1991年,第864页。
③ 《邓小平文选(第3卷)》,人民出版社,1993年,第3页。
④ 《邓小平文选(第3卷)》,第46页。

本利益作为衡量是非的标准,这是适应中国社会发展变革需要而应运而生的,对于我们进一步深化改革开放、加速现代化建设有着重要的指导意义。

随着中国共产党第十八次全国代表大会的胜利召开,我国迈入了新时代。在这一时期,以习近平同志为核心的党中央提出了一套完整的人生价值理论体系,该体系深植于习近平新时代中国特色社会主义思想之中,成为其不可或缺的组成部分。该理论体系对"为何要确立特定的人生价值""如何实现既定的人生价值"以及"如何评价人生价值"等核心问题进行了明确阐述。

习近平人生价值理论的核心架构由三个维度构成:其价值主体论以"国家""祖国""人民"为根本坐标,在致高校毕业生回信中写道:"希望全国广大高校毕业生志存高远、脚踏实地,不畏艰难险阻,勇担时代使命,把个人的理想追求融入党和国家事业之中,为党、为祖国、为人民多作贡献。"①其中体现了"人生价值在于社会价值""人生价值在于对国家的奉献"。其次,关于"人生价值如何实现"这个问题,总书记是以"奋斗"来回答的,总书记在2018年春节团拜会上讲:"幸福都是奋斗出来的。""奋斗本身就是一种幸福。只有奋斗的人生才称得上幸福的人生。"②习近平总书记的论述是以个体在人生价值得以实现时所体验到的幸福感来表征人生价值,旨在告诫人们:若缺乏积极进取之心,消极等待,则无法实现人生价值。最后,在评估一个人的人生价值时,必须坚持"奉献论"的立场,即个人的人生是否具有价值,关键在于其是否对社会做出了贡献。习近平总书记所阐述的人生价值理论,明确指出了"人生价值在于社会价值",这奠定了在人生价值评价理论中,必然坚持"奉献论"立场的基础。第一,奉献是人生价值实现的前提,唯有通过奉献社会,方能实现人生价值。在这一维度上,习近平总书记强调了奉献的绝对性,他曾指出:"拥有信念、梦想、奋斗与奉献的人生,方为有意义的人生。"③第二,奉献的实现亦需满足一定的条件。在这一维度上,习近平总书记强调了奉献的相对性。马克思主义的奉献观认为,奉献的本质在于奉

---

① 习近平:《回信寄语广大高校毕业生——把个人理想追求融入党和国家事业之中》,《人民日报(海外版)》2020-07-09。

② 习近平:《习近平讲故事:新时代是奋斗者的时代》,《人民日报(海外版)》2018-12-20。

③ 习近平:《青年要自觉践行社会主义核心价值观——在北京大学师生座谈会上的讲话》,《人民日报》2014-05-05。

献与收获之间的差额,所谓的"有奉献"即是指奉献与收获之间的差额为正。马克思、恩格斯在《德意志意识形态》中指出:"人们为了能够创造历史,必须能够生活。但是为了生活,首先需要衣、食、住以及其他东西。"①人的存在,必须以获取衣食住行等基本物质生活资料为条件,即便是作为"奉献者"的人,也需要拥有一定的物质生活资料。

习近平总书记的人生价值观继承并发展了毛泽东、邓小平等前辈的人生价值观和理论,体现了马克思主义人生价值理论的新境界。毛泽东始终将人生价值观问题置于重要位置,特别强调世界观、人生观、价值观的改造,倡导为人民服务,认为这是人生价值的最佳体现。邓小平在继承毛泽东核心观点的基础上,认为人民是历史的创造者,人民的利益至高无上,他提倡集体利益,身为坚定的爱国主义者,主张人生应以国家利益为重,不遗余力。他同时也是一个现实主义者,认可个人利益的重要性,并强调个人利益与集体利益的平衡与协调。毛泽东、邓小平、习近平的人生价值观一脉相承,均以共产主义为最高价值追求,以人民利益为根本价值准则,重视个人主观能动性的发挥,特别是青年的作用和价值。他们立足于各自所处的时代背景,结合社会主义事业发展的不同阶段,为人生价值理论赋予了新的内涵,共同构建了内容丰富、具有中国特色社会主义的人生价值理论体系。

三、诠释学维度

诠释学作为一门古老的学科,其历史可追溯至古希腊时期。从词源学角度审视,"诠释"一词源自希腊神话中的赫尔墨斯神。赫尔墨斯作为信息传递之神,其职责在于将宙斯的旨意向世人宣告。所谓"传达",本质上涉及信息的转移过程,例如,某人深入理解 A 所传递的信息后,再向 B 进行阐释的行为,即为一种信息的传达。由此可见,"传达"过程已内含"理解与诠释"的要素。那么,如何实现信息的精准"传达"?是否存在一种普遍适用的解释方法?这些问题构成了传统诠释学或古典诠释学的研究焦点:探索普遍适用的解释方法,指导人

---

① 中国历史唯物主义研究会、中国社会科学院哲学所历史唯物主义研究室:《马克思恩格斯列宁斯大林毛泽东论历史唯物主义》,北京师范大学出版社,1983 年,第 227 页。

们如何进行理解和诠释。

因此,传统诠释学在方法论层面上具有重要意义。诠释过程涉及主体对客体的理解活动:首先存在一个被对象化的客体,随后主体对这一客体进行解释,旨在揭示对象的本质内涵或消除对对象的误解。在传统诠释学框架内,"诠释"被视为主体认识客体的主观意识活动。该学派建立在主体与客体二元对立的认识模式之上,致力于寻找一种确保主体对客体精准理解并避免误解的方法。可以说,传统解释学为人们提供了一套正确的理解原则。

汉斯·格奥尔格·伽达默尔(Hans-Georg Gadamer)是20世纪最重要的德国哲学家之一,他的思想跨越了哲学、美学、诠释学等多个领域,对西方哲学产生了深远影响。伽达默尔的人生价值观深植于其哲学思想之中,尤其是他的诗思理论,为我们提供了一个独特的视角来审视和理解他的人生价值追求与信念。下面将从伽达默尔的哲学思想出发,探讨其人生价值观的内涵与特点。

伽达默尔自青年起便与现象学、存在主义、解构主义等关键思想流派接触并进行论辩。他既与时代潮流紧密相连,又保持独立思考,从历史意识出发审视问题。古希腊哲学、德国古典哲学和美学深刻影响了他的思想,古典语文学和文学研究背景也使他深受古希腊思想、德国浪漫精神及抒情诗人的影响。海德格尔的指导亦对他影响深远。这些因素共同塑造了他独特的诗歌与哲学风格。

随着哲学诠释学的兴起,批评声音也随之而来。20世纪七八十年代,德里达、阿佩尔和哈贝马斯等哲学家批评伽达默尔过于维护传统权威,缺乏批判性。这些批评促使伽达默尔晚年转向诗性思考。他认识到《真理与方法》并非自足体系,并通过大量论文阐述了其思想发展过程,特别是强调诗思在哲学诠释学中的重要性。伽达默尔晚年提出"在我们这个充满科学技术的时代,我们确实需要一种诗的想象力,或者说一种诗(Gedicht)或诗文化"[①],并强调在科技时代中诗的想象力的重要性。诗思不仅未被忽视,反而成为哲学诠释学的进一步升华。因此,诗思是伽达默尔思想中值得深入探讨的部分。我们有必要探索伽达默尔的诗意世界,重新认识和理解他的整体思想。

1. 本体意义上的诠释学

伽达默尔的诠释学理论深受海德格尔本体论诠释学的影响,海德格尔所探

[①] 引自洪汉鼎:《作为想象艺术的诠释学(上)——伽达默尔思想晚年定论》,《河北学刊》2006年第1期。

讨的存在问题,本质上是本体论层面的存在论问题。海德格尔认为,"存在"并非独立于"此在"之外,而是"此在"自我显现的过程,"此在"的显现方式决定了其存在的展开方式。换言之,人的筹划方式决定了其生存状态。伽达默尔受此启发,将"诠释与理解"活动视为人的基本存在方式,认为这是"此在存在的一种体验",也是"此在向未来进行筹划的存在方式"。理解与诠释的行为深植于人的存在之中——人如何理解世界、如何进行自我筹划,决定了人如何展现自我、以何种方式存在于世。人的理解与诠释行为的过程,既是人的存在过程,也是人展现自我的过程。由此,伽达默尔开创了具有本体论意义的诠释学。他摒弃了主客二元的认识模式,强调回归到主客同一的境域中去审视"理解和诠释"活动。人对世界的"理解和诠释"行为,不再是处理主客体外在关系的问题,而是处理人与所处世界内在关系的问题。

对伽达默尔而言,理解活动贯穿于人的所有活动之中,构成了所有活动的基础。人的存在与理解活动本质上是相互交融的,人的内心理解方式决定了其行为方式。

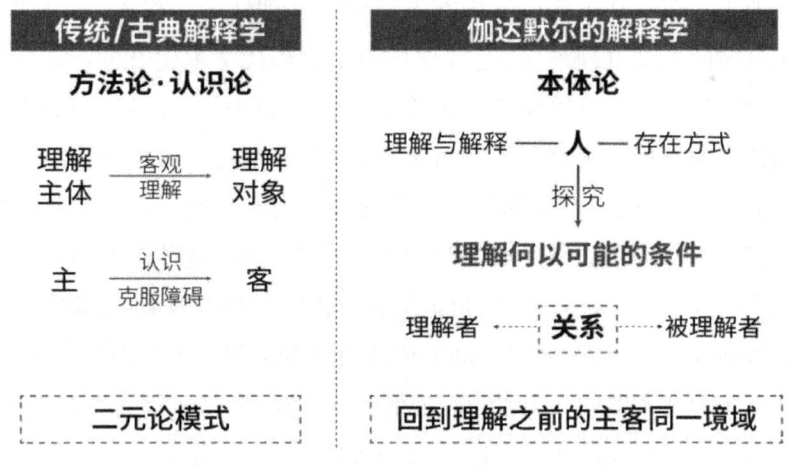

2.人生价值观

伽达默尔的人生价值观根植于对"真理何为"这一哲学本源问题的持续追问,其思想轨迹贯穿对科学认知范式的历史性反思。通过考辨希腊科学传统与现代科学观的根本差异,他揭示出前现代时期数学作为纯粹理性典范的独特地位——在希腊人认知框架中,数学对象因其完全封闭的演绎体系性而构成科学范式,这与现代科学将数学视为完美认识工具的立场形成本质性断裂。伽达默尔深刻指出,这种认知范式的历史转型实质是"方法概念"的统治地位确立过程,而近代科学方法论的绝对化倾向正在制造标准化思维范式,这种范式既固化认知结构又遮蔽真理的开放性维度。他对科学方法路径的批判性诊断,本质上是对工具理性过度膨胀可能造成存在论真理扭曲的警觉,这种哲学立场折射出其坚持认知活动应保持历史性开放、反对将真理简化为技术操作程序的价值取向。伽达默尔对近代科学方法之路做出了这样的评价:

> 近代意义的方法尽管能在不同的学科中具有多样性,但它却是一种统一的方法。由方法概念规定的认识理想就在于我们这样有意识地大步走上一条认识的道路,以致有可能永远继续走这条道路。方法(Methodos)就叫作"跟踪之路"(Weg des Nachgehens)。总是可以像人们走过的路一样让人跟随着走,这就是方法,它标志出科学的进程。但由此就必然会对随着真理要求而出现的东西进行限制。①

伽达默尔在真理问题上与尼采形成鲜明对照,后者视科学真理为需彻底清除的异质力量,而前者既未全盘否定科学真理的认知价值,亦未将其视为唯一真理形态。他主张在承认现代科学内在发展规律合理性的前提下,重新确立被科学方法论遮蔽的人文真理维度,这种立场源于对当代学术生态的深刻洞察——科学方法论的扩张性影响可能已超越科学成果本身的社会制约。伽达默尔的真理观在当代人文领域展现出罕见的辩证智慧:既警惕自然科学方法论对精神科学领域的僭越,又避免陷入贬低科学成就的浪漫主义反智陷阱。其真理理论的核心在于将真理视为历史性生成过程而非现成绝对物,这种动态认知框架直接投射到其人生价值观:人生的终极价值不在于占有某种终极真理,而在于持续参与真理的解蔽与重建过程,通过不断突破既有认知边界实现存在意义的延展。

伽达默尔对艺术的热爱与崇敬,是他人生价值观的一个重要方面。《真理与方法》《美的现实性》《论诗歌对探索真理的贡献》《词语与意象中的艺术作品:如此真实,如此富于存在感》《哲学与诗歌》等大量艺术专论,不断对诗与真理的关系进行深入探索。长久以来,艺术好像只是人的一件附属品,它被视为艺术家的宣泄方式、欣赏者的审美对象,甚至是大众的娱乐消遣工具——总之,艺术作

---

① [德]伽达默尔著,洪汉鼎译:《诠释学 II:真理与方法(修订译本)》,商务印书馆,2007年,第56页。

品从属于人的主观意识与情趣。伽达默尔却提出了截然不同的观点:一件艺术作品,在完成之后就是一个自在自为、自我展现的"构成物",它不再受作者和外界的影响,相反,它吸引欣赏者进入其中与之游戏,艺术作品在展现自我中存在。艺术在伽达默尔那里获得了本体论的意义。伽达默尔艺术思想中最突出的一点,就是打破"艺术只与美有关,而与真理毫不相干"的主体化审美思维定式,指出艺术不但"美"而且"真",艺术之"真"又直接与"在"相关。究其实质,艺术真理就是"存在的显现与去蔽",它超越了科学真理的抽象性和普遍性,更加贴近人类的实际生活经验。他指出:"艺术作品的经验包含着理解,本身表现了某种诠释学现象,而且这种现象确实不是在某种科学方法论意义上的现象。"①很明显,对于伽达默尔而言"理解",一方面具有本体论意义,另一方面也确实与"真理的通达方式"相关,即同时还具有传统认识论和方法论层面的意义。伽达默尔的艺术观,使他始终保持着一种对美的敏感和追求。他相信艺术能够提升人类的精神境界,使人们更加接近真理和存在的本真意义。因此,在伽达默尔的人生中,艺术不仅是一种审美体验,更是一种精神寄托和生命追求。他通过艺术来感受世界的美好、领悟生命的真谛,使自己的生活充满了诗意和美感。这种对诗意生存的向往反映了他对人生价值的理想追求,即追求一种自由、和谐、美好的生活状态。

3. 人生价值的实现途径:"诗思"

按照伽达默尔的说法,选择诗化语言的原因之一是由于诗化语言对于语言的凝练,语言的一切基本特性"都以一种强化的意义出现在诗歌所用的语词中"②。伽达默尔致力于强化语言的力量,为人文科学提供坚实基础。经历两次大战,他意识到科学对语言的负面影响,尤其是概念化语言的兴起。他重新审视语言性问题,最终认为诗的语言未被科学侵蚀,保留了人类的希望。诗的语言能展现过去、他者和生活世界,体现了诗的语言未被科学侵蚀、保留人类希望这一特性。因此,对于伽达默尔而言,诗的语言并不是语言使用的一个特例,诗的语言是没有受到污染和蒙蔽的纯净本真的语言。正如伽达默尔自己所言:"实际上抒情诗的语词是绝妙意义上的语言。这尤其表现在,抒情诗的语词能被提高

---

① [德]伽达默尔著,洪汉鼎译:《诠释学II:真理与方法(修订译本)》,第142页。
② [德]伽达默尔著,洪汉鼎译:《诠释学II:真理与方法(修订译本)》,第633页。

到纯粹诗的理想。"①即抒情诗的语言不表达除诗以外的任何东西,抒情诗完完全全在展现诗的自我。换言之,"抒情诗是一个极端的例子,因为它以最为清晰的可能方式涉及艺术的语言作品的不可分离性以及它作为语言的原初明证"②。当人纯粹为了言说而言说,不带有任何外在功利目的,那么这种言说才是最真实、最接近美的言说,这就是诗的言说。这也是为什么伽达默尔认为"诗歌是一种著名意义上的语言"。

伽达默尔最终落脚于诗语的原因之二,在于诗歌语言与思之间紧密的内在关联性。这种相关性不仅在于诗歌与哲学主题的纠缠交织,更在于诗歌语言表现出来的对诗之自我价值的反思。伽达默尔将其概括为"思辨性"。首先,这种思辨性与柏拉图以后康德以前的独断形而上学有着本质上的区别。独断形而上学以主谓方式说话,用固定的观念处理上帝、灵魂、人和世界,片面地追求关于"理性对象的理智观点",而这既不是柏拉图、亚里士多德时代哲学的特征,也不是伽达默尔所认同的思辨。其次,伽达默尔眼中思辨性的基础是一种"反映"的思想。伽达默尔所说的反映与通常意义上的反映不同甚至相反,这里的反映并不把陈述的内容视为指定给所与物的特性,反映关系也不应是惯常理解上的替换。在反映中"如一就是他者的一,而他者就是一的他者"③。因此,伽达默尔所说的反映就是整体的纯粹表现,是对事物本身完整真实的呈现。"当说话者并非用他的语词模仿存在物而是说出同存在整体的关系并把它表达出来时,他就表现出一种思辨性。"④如果脑海中有诗语本身具有思的本质这一基本的论题,那么我们就不难理解伽达默尔始终从诗语出发探讨一切有关诗的问题的原因所在,也自然会将诗语作为伽氏诗思的立足点来对待。

伽达默尔仰赖诗语的最后一个原因,是诗语与存在之间的关系。这层关系最为根本,诗语的语言性以及思辨性都是因为体现出了与存在的整体关联才为伽达默尔所特别关注。从理解、艺术、历史直到实践,伽氏的问题意识几乎始终

---

① [德]伽达默尔著,洪汉鼎译:《诠释学II:真理与方法(修订译本)》"后记",第575页。

② [德]伽达默尔著,严平编选,邓安庆等译:《伽达默尔集》,上海远东出版社,2003年,第557页。

③ [德]伽达默尔著,洪汉鼎译:《诠释学I:真理与方法(修订译本)》,商务印书馆,2007年,第628页。

④ [德]伽达默尔著,洪汉鼎译:《诠释学I:真理与方法(修订译本)》,第632页。

与海德格尔意义上的"存在"思想相联系。从根本上说,伽达默尔的思想是完全根植于存在的思想。既然伽达默尔的一切哲学思考都是围绕存在进行的,那么伽达默尔走向诗化语言的根本缘由也不难理解:诗的语言比包括一般语言在内的任何其他事物都更贴近存在本身,诗的语言成为开启诗意生存世界大门的钥匙,在那里功名利禄不再是众生为之奋斗的目标和意义,人在新的境界里获得了奇妙而原初的真实。如果我们充分认识到"诗语本身具有言、思和在的共同本质",那么我们就不难理解伽达默尔始终围绕诗的语言谈诗论诗的做法,也自然会将诗语作为伽氏诗思的根基来对待。从语言本体论到诗化语言观,这并非思想转折,而是思想认识上的重要进展,这种进展既是一种必然,也是一种必需——是语言之必需,是思之必需,更是存在之必需。

综上,伽达默尔的"诗思"不仅是一种哲学思考,更是一种精神追求和生命体验。通过诗的语言和艺术形式,他引导人们认识和理解自身的存在状态,进而实现一种诗意的生活方式。这种诗意的生活方式是人生价值实现的重要途径,它能够使人们超越现实的束缚,获得精神的自由和内心的宁静。而伽达默尔对真理的追求、对存在的关怀以及对诗意生存的向往,构成了他诗思的内在动力。这些人生价值观念促使他不断探索和思考,通过诗的语言和艺术形式揭示存在的真理,引导人们走向一种更美好的生活状态。因此,人生价值是伽达默尔诗思的灵魂和核心,它赋予了诗思以深刻的意义和价值。

四、宗教学维度

宗教起源于对死亡的无解和对生命的渴求,人类对自身生命的关切和终极意义的追索是宗教得以存续的动力。从这个意义上讲,宗教可能会不断改变自己的形式,但只要我们没有穷尽到生命最后的答案,宗教就会一直"在场"。

(一)基督教的人生境界

基督教哲学是西方文化的两大源泉之一,并在西方文化中一直占有主导地位。作为一种宗教,基督教固然具有其社会根源,但在漫长的历史发展过程中,它对提升西方人的人生境界起到了巨大的作用。基督教在中国的历史,从公元635年景教传入中国算起,迄今已近一千四百年了。作为一种外来宗教,基督教从传入中国开始,就经历了与中国固有儒家文化及佛教文化的冲突与融合的过程。在经历了近现代中国风雨飘摇之路后,随着中国现代化进程的推进,对当代中国社会产生的影响也日渐增大。因此,探究基督教哲学的人生境界追求和深刻的思想境界、崇高的道德境界和神圣的审美境界是人生价值观研究的重要组成部分。

基督教哲学中深远的思想境界来自它对人有限性的深刻洞察,并给人们指出了一条获得救赎的道路。基督教是道德的宗教,基督教的教义逻辑地将人们引向对道德境界的追求,其核心是对"自我中心"的超越,通过赞颂"谦卑",倡导"忏悔",基督教使人们摆脱"骄傲"和"私欲",使道德境界得到提升。在对"与上帝合一"的追求中,基督徒在至乐的审美体验中实现了人生价值。

1. 罪性与救赎

基督教哲学中的人生价值集中体现在其教义之中。在《圣经》中,世界万物都因上帝的意愿而创造,而人则是上帝按自己的形象造出来的。为了使创造出来的万物处于和谐美好的状态,上帝创造出人并授予他管理自然万物的权力。《圣经》的这段陈述揭示了上帝与万物之间是一种创造者和被创造物的关系,并且在所有的被创造物中,人最为杰出和最为尊贵。

然而,在基督教的教义中,最为核心的命题并非上帝造人,而是"人生而有罪"。按照《圣经》的说法,人类的先祖亚当和夏娃,他们原初生活在伊甸园中,听从上帝的安排,过着无忧无虑和永生的幸福生活。后来亚当和夏娃受了蛇的引诱,违背上帝的禁令,偷吃智慧果,因而受到上帝的处罚,被驱除出伊甸园,从此成为了"罪人",开始了艰辛的劳作和痛苦的生活,并注定了肉体的死亡。人类始祖犯罪,使他们的后裔先天地都带有"罪性"。

亚当和夏娃敢冒死的风险违背神的命令偷吃禁果,是因为他们希望"能和上帝一样有智慧""便如神能知道善恶"①,即是希望自己成为上帝。这意味着人将从"以神为中心"的生活,转移到"以自我为生活的中心",这种转移就成了罪的本源。人不信上帝而信自己,希望能像上帝一样全知全能,依靠自己的力量建立幸福的生活。然而,人的这种骄傲态度和固有的脆弱性,更容易使人受到邪恶势力的引诱,放纵私欲,贪行种种污秽之事,犯下更大的罪行而更深地堕落。

---

① 中国基督教协会,《新旧约全书》,1989年,创世纪3:4-5,第2页。

人的这种以自我为中心的私欲和骄傲在基督教中被称为"罪性"。《圣经》上说:"私欲怀了胎,就生出罪来;罪既长成,就生出死来。"①宗教学家尼布尔言:"根据先知的解释,人的真正罪恶,乃是不愿承认他的软弱、有限和依赖的地位,而妄想抓住一种人所不能有的权力和安全,同时企图超越被造物的极限,虚张自己的德行和知识……正是这种'虚浮幻想'叫人隐藏了他那受支配的、偶然性的和不能独立的本性,企图假装成不受支配的真体。"②

基督教哲学认为,"罪性"是人的本性,是内在的,与生俱来的,从人类的始祖那里传下来的"罪行"则是"罪性"的外在表露。人并不是因为犯了罪行才成为罪人,而是因为人有罪性而必然要犯罪。这样一种原罪心态,使人对自身有限性始终处于一种既积极又谨慎的态度。

罪意味着人与上帝的失和,意味着人与上帝间的一种疏离状态。保罗说:"世人都犯了罪,亏缺了上帝的荣耀。"③其结果是"与神所施的生命隔绝了"④,使人失去平安自由,生活在上帝的愤怒和诅咒之下,在身体上受到应得的报应、痛苦、灾祸及死亡。

人深陷于罪孽之中,心性败坏,靠自身的力量不能自拔,正如豹不能改变它的斑点一样。但是,上帝仍然怜悯人类,他差他的儿子、圣洁无罪的耶稣来到世界,为罪人钉十字架流血牺牲,用他的身体和血救赎人类,洁净了人们的罪。这里,赦罪不是靠人的善行、功德、吃斋修道、祭祀或放生等做法换来的,而是上帝的白白恩典。保罗写道:"我们借着爱子的血,得蒙救赎,过犯得以赦免,乃是照他丰富的恩典。"⑤

耶稣为人赎罪,标志着人与上帝的关系的修复,标志着人与上帝间从疏远到重新和睦,标志着人从罪人成为新人有了希望和保证。保罗写道:"因他使我们和睦,将两下合而为一,拆毁了中间隔断的墙;因而以自己的身体废除冤仇,就是

---

① 中国基督教协会,《新旧约全书》,1989 年,雅各书 1:14—15,第 260 页。
② [美]尼布尔著,成穷、王作虹译:《人的本性与命运》,贵州人民出版社,2006 年,第 257 页。
③ 中国基督教协会,《新旧约全书》,1989 年,罗马书 4:23,第 171 页。
④ 中国基督教协会,《新旧约全书》,1989 年,以弗所书 4:18,第 219 页。
⑤ 中国基督教协会,《新旧约全书》,1989 年,以弗所书 1:7,第 217 页。

那记在律法上的规条,为要将两下借着自己造成一个新人,如此便成就了和睦。"①

耶稣基督的降临为人与上帝之间接通了心灵相通的桥梁,但人要真正地恢复与上帝的关系,却要行使自己的自由意志。人是因为具有自由意志而选择了背离上帝,身负了"原罪",但人的自由意志并非只是导致恶,同样人可以以自己的自由意志来选择善并以此获得救赎。通过依靠全能的上帝,人以自己的自由意志恢复对上帝的信仰,以上帝为中心而非以自我为中心生活。在人世间,以上帝为中心生活的唯一的途径就是效法基督的爱,从而克服了在社会生活中的自我中心。

2. 神就是爱

在基督教中,"爱"是一个人道德境界的核心。《约翰一书》说:"没有爱心的,就不认识神,因为神就是爱。"②关于"什么是爱",《圣经》里有一个著名的说法:

> 爱是恒久忍耐,又有恩慈;爱是不嫉妒,爱是不自夸、不张狂,不作害羞的事,不求自己的益处,不轻易发怒,不计算人的恶,不喜欢不义,只喜欢真理;凡事包容,凡事相信,凡事盼望,凡事忍耐。③

从上引文字的内涵可以看出:一个人只有超越自我中心地生活,才有希望拥有真正的爱。嫉妒、自夸、自大都是以自我为中心来理解自己与他人的关系。嫉妒就是对某种自己得不到的尘世存在物(如才能、财富、权势、声望、美色等)而生出的自卑和怨恨的心理,自夸和自大是对自己拥有优越于他人的尘世存在物而产生的自以为是的心理,轻易动怒往往是由于他人违背了自己的意志或侵犯了自己的利益。

在基督教看来,人们执着于自我中心就会使真正的爱无从产生,只有当以上帝为中心看待问题,意识到世上所有的人在上帝那里是具有自由意志且平等地存在者,才能摒弃世俗的标准和一己之私来如其所是地爱每一个"邻人",并爱人如己,让自己在与每一个人交往的过程中都能让他人获得自由、自主和尊严。这一点,只有以上帝为中心才能做到,因为上帝的爱是绝对完满的,而他已经差

---

① 中国基督教协会,《新旧约全书》,1989 年,以弗所书 3:14-15,第 218 页。
② 中国基督教协会,《新旧约全书》,1989 年,约翰一书 4:8,第 275 页。
③ 中国基督教协会,《新旧约全书》,1989 年,哥林多前书 13:4-7,第 194 页。

遣他的儿子为世人在爱的方面做了示范。信仰耶稣基督就是信仰上帝，效法耶稣基督就是效法耶稣基督的爱，这种爱超越了自我中心，是普遍的、平等的、无条件的爱。基督教强调以上帝为中心的生活，使人们的道德境界具有了超凡脱俗性和普遍平等性的特点。

"爱"在基督教里是净化罪恶、超越苦难的唯一途径。这里所言之"爱"，不是由于对象的某些特性或美质而趋向或要占有对象的"喜爱"，也非两情相悦中的"情爱"，而是"博爱"或"圣爱"。这种爱的根本特点在于仅仅由于对象（及其特性）的存在，仅仅是要使对象（及其特性）能够存在，即"使在"之爱，而这正是《圣经》所言"上帝就是爱"的精要。这种浩大的"爱"对于西方人的精神世界产生了深刻的影响，并成为西方人歌颂高层次人生境界的一条主旋律。例如，法国浪漫主义文学家雨果的几部鸿伟巨著都热切赞美了博爱的力量。《巴黎圣母院》表现了以艾丝米拉达和加西莫多为代表的无私的爱与以克洛德主教为代表的自私的爱之间的斗争。其中，无私的爱总是在奉献中达到永恒，而自私的爱只会在疯狂占有中走向毁灭。直至今日，基督教在爱的方面的教义对于提升信徒的人生价值仍有着举足轻重的作用。

从"绝对的完满"照出人的有限，促使人摒弃骄傲之心，以谦卑的态度时时不忘对自身进行反思与批判（忏悔），并以全然的"圣爱"来对待"邻人"，走向更高的道德境界，正是基督教贡献给人类的最宝贵的精神财富。

3.与上帝合一

基督教指引人们心灵朝向上帝，因而对于现实感性的世界总是投之以轻视的目光或有意识地排斥。作为一种依靠人们信仰激情的宗教，在一定程度上它对理性也有着不信任。正是由于这些特点，使基督教中理想的审美境界超越了现实感性的自由和理性，总是彰显出一种神圣的超越性体验。

基督教的这种理想的审美体验总是和上帝联系在一起。例如，当一个基督徒感觉到良善、圣洁、公义和神秘的伟大造物主时时和自己在一起的时候，心中充满着无比骄傲和自豪。当一个基督徒意识到神拣选自己来完成他神圣的计划时，心中就会充满一种活着的使命感。当一个基督徒感受到生活的痛苦是神在试炼、洗净自己的灵魂时，痛苦在刹那间变成了沁人心脾的琼浆。当一个基督徒认为死亡是进入天堂的唯一钥匙时，是另一次生命的开始时，死亡变得那么和蔼安详。

在基督教的理想审美境界中,处于最高位置的是一种"与上帝合一"的心灵体验。天主教灵修学大师圣十字若望将与天主融合为一的审美体验视为心灵的最高境界,称其为"与主合一境"。在这种境界中,人在爱和意志方面与天主完全一致。这种合一被称之为"相似的合一",意即灵魂更似天主,超过似自己。人由于感受,也就成了天主。在感受到了与上帝的全然合一的心灵状态中,伴随着的是一种狂喜或出神的审美体验。在这种高峰体验过后,整个人的心灵结构得到了根本性的转变,人生的境界就此彻底提升了。历史上许多基督教的信仰者由于这种审美体验的发生,心灵结构获得了深度的改变,从而获得了"新的生命"。

然而,理想审美境界的获得需要经历艰苦的精神修炼。圣十字若望提出灵魂攀升至与天主合一的过程和途径,强调灵魂与天主的关系如同玻璃窗与阳光,需祛除障碍物以达到完全的净化。这包括四个境界:主动物欲净化、主动心灵净化、被动物欲净化、被动心灵净化。

第一境界是主动物欲净化,即摆脱对有限世界的留恋,掏空所有不正当的五官欲望,效法基督,以天主为首位,学习基督的生平和工作。第二境界是主动心灵净化,此时需转化理性、记忆和意志,培养信、望和爱三德,使德性得到生长。第三境界是被动物欲净化,需克服七宗罪,通过默观对自我和天主的关系有更深的认识,培养爱邻人和顺服的美德,获得心灵自由。第四境界是被动心灵净化,处于默观状态中,认识变得模糊,感到被上帝遗弃的痛苦。但即使在黑暗中,灵魂仍可见到黎明的光线,最终达到与天主融合的最高境界。

与"天主融合为一"是一种神圣的审美体验,圣十字若望用新娘寻找新郎、完成神婚的转化作比喻,描写灵魂渴求天主和最后达到爱的接触的境界。在这一境界中,灵魂"只有一层薄薄的纱,隔在它与天主之间",它已转化为爱的火焰,能与天父、圣子及圣神互相通传。灵魂与天主之间的共融是如此亲密,乃至接近真福和至乐。圣十字若望的结论是:灵魂与天主最亲密的共融是一生中所能获得的最大享受,也是人生最大的成全。

德丽莎修女用"化蛹成蝶"比喻心灵与神结合的灵性体验。她将心灵成长的阶段比作"城堡",修行者需逐层进入,最终达到"与神合一"。她描述了心灵之城的七个阶段。在心灵城堡的第一层,个人自我与物质世界舒适相恋,但不被其支配,通过自我训诫转向内在。第二层城堡中,个人对神有敏锐触觉,听到神的声音,通过学习和沟通增强内向化愿望和能力,这被称为"祈祷者的实践"阶段。第三层城堡里,个人在祈祷中常听到神的声音,生命成熟,确立行为准则和伦理体系。第四层城堡中,祈祷者经历心灵的黑夜,由主动变为被动,最终心灵获得控制力,体验到"上帝在我们心中"。第五层城堡里,祈祷者体验与神的亲密结合,自我与神同在,心灵得到满足,德丽莎认为这是通往最高境界的分水岭。第六层城堡中,爱者与被爱者相互看到,内心如火焰被神爱火焚烧,经历再次的"心灵黑夜",最终心灵与上帝结合。第七层城堡里,神圣结合成为直接体验,超越想象,如同雨融入河流,小溪汇入大海,阳光充满房间,基督徒体验到与神的完全结合。心灵城堡的最后三层修炼之路被称为"合一之路"。心灵的注意力先走入内在,发现神,最终与神合一,自我获得精神性意识,战胜外界和物质的支配,展示出完美独特的自己。

从本质上来看,基督徒达到的这种审美体验是心智高度集中取得的心灵成果,是存在于心灵深层空间中的体验现象。在这种审美体验中,体验者通过与神的交流(观想),与神在心灵深处的交流和感通,从而获得终极的精神性体悟,达致一种高水平的审美境界。

成为一个具有理想人生境界的基督徒,对上帝的本质、上帝与人关系本质、人的本质的洞彻的思想境界,谦卑的态度、忏悔精神和平等无私的爱的道德境界和与上帝合一的审美境界都是必不可少的组成部分。显然,这是一种在现实中难以全然达到的人生境界,但基督教哲学中具有的"超越的精神"使许多人朝向这种理想的人生境界不懈地努力,成就无数品德高洁、灵魂美好的真正基督徒。

(二)佛教的人生境界

佛教关于人生价值的看法与中国传统儒家和道家有着很大的不同。儒家和道家都重视人的生命,并认为人生可以达到快乐和幸福。然而,佛教认为人是没有实体的、空的,因为人是由五蕴假合而成,没有恒常自在的主体,即"我"。① 佛教还认为人生是痛苦的,由于痛苦而祈求解脱。人性空,并且人生是痛苦的,人体是"臭皮囊",不值得珍视,因此人的肉身生命价值被否定,人只有修持佛法才能被重视。原始佛教的基本教义"四谛"和"三法印"的核心内容是"讲现实人生

---

① 方立天:《儒佛人生价值观之比较》,《中国社会科学》1990年第1期。

的苦难和解脱苦难的办法"。① "四谛",即苦、集、灭、道。"苦"是指人生的现状,人生有很多苦,例如生老病死、生死轮回;"集"是指造成人生痛苦的根源或原因,例如人的贪嗔痴等不良本性;"灭"是指消除痛苦、达到涅槃境界;"道"是其途径和方法。"三法印"是"诸行无常""诸法无我"和"涅槃寂静"。"诸行无常"是指"世界万物变化无常";"诸法无我"是指"世界万物都是因缘和合而起,没有独立的实体或主宰者";"涅槃寂静"是指"佛教徒经过修行,断尽烦恼痛苦,超脱生死轮回,达到寂灭解脱的境界"。② 总之,佛教的核心思想是阐发人生的痛苦现实以及根源,并提供消除痛苦的途径、方法和目标。尽管佛教后来又不断形成许多新的派别,但是这种人生痛苦观及相应的解脱之道始终是佛教各派都坚持的思想重心。"佛教在传入中国后,它宣扬的诸恶莫作、诸善奉行、业报轮回、因果报应、吃素念经、修持成佛等人生解脱之道深入人心,影响巨大。佛家的人生价值观其影响虽不及儒家,但适应了社会上某些有失落感、孤独感的人群的需要,从而又可作为居于统治地位的儒家人生价值观的补充。"③

在佛教的宇宙观中,所有具有情感和意识的生命体都被划分为两大类,共十个等级。第一类包括了佛与菩萨等圣者;第二类则涵盖了天人、阿修罗、畜生、饿鬼、地狱众生等凡夫俗子。因此,相较于佛,人类处于较低的层次,人类受制于生死轮回,无法获得解脱;然而,与普通动物相比,人类的地位又显得更为尊贵,人类拥有智慧与悟性,具备修行成佛的潜能。佛教基于众生平等的原则,主张社会中人与人之间的地位应当是平等的,反对在人群之中划分等级。每个人皆须面对业力的轮回,但同样有机会通过出家修行达到正果,即意味着所有生命体皆有成佛的可能。

由于人生是痛苦的,世间一切都在变化无常中,所以世间一切皆苦,人生没有快乐、幸福可言。"天下之苦,莫过有身。饥渴瞋恚色欲怨仇,皆因有身。身者众苦之本,祸患之源。"④人类首先面临三种基本的痛苦:在遭受痛苦时的痛苦,在快乐消逝时的痛苦,受到无常变化的自然法则限制的痛苦。此外,人类还

---

① 方立天:《儒道佛人生价值观及其现代意义》,《中国哲学史》1996 年第 1—2 期。
② 方立天:《儒佛人生价值观之比较》,《中国社会科学》1990 年第 1 期。
③ 方立天:《儒佛人生价值观之比较》,《中国社会科学》1990 年第 1 期。
④ 方立天:《儒道佛人生价值观及其现代意义》,《中国哲学史》1996 年第 1—2 期。

承受着八苦,包括生、老、病、死、求不得、怨憎会、爱别离、五阴盛。人生的苦贯穿于生理、心理以及社会生活的各个层面。人的生存本身即是苦,生活亦充满苦,人生苦海无涯,唯有信仰佛教方能获得解脱。因此,佛教提出人生的最高理想价值在于达到涅槃,成就佛道。涅槃意味着消除痛苦与烦恼、超越生死轮回、实现解脱与自在。为了达到涅槃的境界,必须进行修行。然而,修行的最大障碍往往来自家庭和社会所构成的世俗人际关系,因此佛教倡导出家以求得解脱。修行的核心方法包括戒(戒律)、定(禅定)、慧(智慧),即通过戒律来规范人的思想与行为;通过禅定来摒弃杂念,洞察佛理;通过智慧来摒弃各种烦恼与欲望,消除贪嗔痴等心理执念,从而正确认识佛法,获得解脱,最终达到智慧的彼岸,实现涅槃。

  如果说儒家重生轻死,道家重生乐死,那么佛教则是不执着于生死。佛家消极看待生死,提倡生死轮回、顿悟成佛、超越生死。[1] 佛教重视人死后的命运,人生的目的就是修持以求死后成佛,所以生是为了死,死后可以得到解脱。人死后将根据生前所作的善恶来投生转世,或入地狱为鬼,或去净土为佛。"业力轮回,三世报应。人在一生中会遭受身、口、意三业,作善业者升天堂,作恶业者入地狱。业力可以从过去世延续到今世以至来世,轮回流转,无有尽头。"[2]但是,佛教的最终目的是要超越生死,人可以在日常生活中不间断地修行,最终顿悟成佛。不修行是不能成佛的。修行就是要以平常心来面对生活中的各种矛盾,摒弃现世物欲名利,追求生命本真,净化心灵,通过心灵的顿悟,超越生死。佛教的修行可以看作一种道德实践。修行必须遵守戒律,而佛教的戒律具有止恶生善的双重意义,属于一种伦理道德规范。例如五戒,即不杀生、不偷盗、不邪淫、不饮酒、不妄语,就是基本的道德规范。止恶就是要防止思想言行的过失,生善就是多做利他行为,积聚功德。佛教重视智慧,而智慧同样是一种善,也属于道德范畴。佛教还坚持性善论,主张人人皆有佛性。因此,成佛不仅是实现人生的最高理想价值,也是成就人的道德和精神价值。

---

[1] 梁玉敏:《论儒道释生命观及其现代价值》,《求索》2013年第9期。
[2] 陆扬:《死亡美学》,北京大学出版社,2006年,第33页。

第四章　现代社会人生价值的多维度解析

人生价值是一个复杂而多维的概念,它体现在自我价值与社会价值的统一、应有价值与实有价值的统一以及自我超越的主导力量等多个方面。这些特点共同构成了人生价值的丰富内涵,使个体在追求更高层次的人生价值中不断成长和进步。

一、自我价值与社会价值的统一

人生的自我价值与社会价值,是人生价值的一对重要范畴,它是对人生价值的主客体视角的审视。

(一) 自我价值与社会价值的本质特点

自我价值,是作为客体的社会和个人对人的尊重和需要的满足。人的需要又可以划分为多种,最简单的就是物质生活的需要和精神生活的需要。首先,物质生活的满足是人们从事其他工作的前提。马克思曾经说过:"人们首先必须吃、喝、住、穿,然后才能从事政治、科学、艺术、宗教等等。"[①]社会必须为人们的生活提供必要的物质生活资料。其次,精神需要,人作为社会性的个体,有对科学知识的渴求,对文化、艺术的欣赏,对道德的追求等精神文化需求,精神需求往往更能反映人的本质需求。社会也有为人的生存发展提供所需的精神文化产品的必要。人的需要是多层次的,包括从最低级的生理需求到最高级的自我实现的需求。作为高级别的精神需求,越往上一个级别越难实现,自我价值越能得到更充分的实现和满足。一般来讲,能够真正实现"个人价值"的人并不多见。

[①]《马克思恩格斯选集(第 3 卷)》,人民出版社,2012 年,第 1002 页。

社会价值注重个人对社会的责任和贡献,强调个人对社会的效用和对社会需要的满足,此时人作为主体呈现出来。一般来讲,个体对社会的贡献主要体现在两个方面:首先,从物质方面来看,个体作为社会的重要组成部分,在社会生产活动中扮演着至关重要的角色。他们通过参与生产活动,为社会的发展提供了必要的物质产品。这些生产生活资料的生产,不仅是社会前进和发展的基础和前提,更是社会得以持续运转的必要条件。如果没有这些物质产品,社会的政治、哲学和艺术等领域的发展都将无从谈起。因此,物质生产的重要性不言而喻,它是整个社会发展的物质基础。

其次,在精神文化方面,人的社会价值可以分为两种不同的形态。第一,科学文化形态的社会价值,这主要体现在个体提出的对社会发展有益的新思想、新观念和新理论。这些科学文化形态的社会价值,虽然起初往往只是以精神形态存在,但它们具有巨大的潜力和影响力。在一定的条件下,这些精神形态的思想、观念和理论可以通过实践转化为强大的生产力,推动社会的进步和发展。第二,道德情操形态的社会价值,体现在个人的社会公德、职业道德和家庭美德上。当这些美德得到积极的彰显和践行时,它们将转化为一种巨大的精神力量。这种精神力量能够展示人们内心深处被物欲遮蔽的善良和美好,净化被污染的社会风气,促进社会的和谐与进步。因此,道德情操形态的社会价值同样不可忽视,它在塑造社会精神风貌和提升社会文明程度方面发挥着重要作用。

(二) 自我价值与社会价值的相互关系

人的自我价值与社会价值之间存在着一种深刻的辩证统一关系。自我价值是指个体在自我实现、自我发展和自我完善过程中所体现的价值,而社会价值则是指个体对社会、对他人所做出的贡献和影响。这两者共同构成了人生价值的两个重要方面,它们在人的生存和发展过程中相互依存、相互促进,形成了一个不可分割的整体。

首先,自我价值是社会价值得以实现的前提和基础。传统哲学往往强调人生的社会价值,忽视人生的自我价值。这种看法,值得商榷。有句谚语很能说明这个问题:"身体是革命的本钱。"似乎健康本身不是目的,而革命即为社会作贡献才是目的。吃饭是为了活着,而活着不是为了吃饭。这无疑是令人心生疑惑的论断。个体性和社会性是人生活在世界上的两种基本属性。人的自身需要是生命体生存和发展的客观依据和各种积极形式的来源。马克思曾说过:"全部人类历史的第一个前提无疑是有生命的个人的存在。"①人只要活在世界上,就必然不断地产生新的需要,这一点马斯洛已经阐述得十分透彻。此外,关注人的自我价值有利于促进社会进步。重视人生价值中的自我价值有助于培养人生的自主、自立意识,有助于激发人生的奋发进取精神。很难想象,一个对个人自身价值毫不重视的社会能够发展成什么样子。可以说,没有自我价值的人生,是无法产生社会价值的;同时,忽视个人自我价值的社会也不会正常发展。因此,处于社会中的每个个体,都应当理直气壮地追求人生自我价值的实现。相应地,社会也应该尊重个人的自我价值,注重在一定程度上满足个体需要,为个体满足自身需要的努力提供条件。那种只强调人的社会价值,而忽视人的自我价值的价值导向不是大公无私的表现,相反会导致人的虚伪。当一个社会陷于普遍虚伪的氛围时,恰恰说明了该社会已处于历史发展中的颓废和堕落时期。

其次,社会价值是自我价值的归宿。爱因斯坦曾说过:"一个人的价值应该看他贡献什么,而不应看他取得什么。"从个人的发展与社会的发展来看,人生价值的最终实现必然体现在人的社会价值的实现中,也只能体现在社会价值的实现中。个体若仅限于为自我及家庭存在,其生命价值将受到局限。唯有将个人命运与国家、社会、民族、集体及他人利益紧密相连,无私奉献,倾尽才智,方能赋予生命深远的意义,成就光荣且辉煌的人生。人的社会性是人的本质属性,人在实践的基础上与社会产生联系和互动,实现自我价值与社会价值的统一。人通过实践利用社会提供的生产资料,创造出一定的生产力,从而推动人类历史向前发展,这就是人类的社会生产活动。通过参与社会生产,人与社会发生关系,成为一定社会关系的载体。人的一举一动便与其相关的社会和个人发生密切联系。当个体为了满足自身需要而进行生产活动并创造劳动产品时,其人生的自我价值便开始产生和实现;当他的活动与周围发生的互动愈发频繁,创造有利于社会发展的劳动产品,影响或造福于人类社会时,其自身价值便开始放大,并被赋予了社会性。人的自我价值最终存在于社会价值之中,并在与社会价值的交集中不断升华。此外,人的自我价值的进一步实现离不开社会实践,其无法脱离实践活动而孤立存在。在马斯洛的需求五层次理论中,生理需求仅是人最基本

---

① 《马克思恩格斯选集(第1卷)》,人民出版社,2012年,第147页。

的一种需求。如果一个人仅仅满足于实现吃、喝、睡等基本需求,那么他的人生是不完整的,终将导致个人主义、享乐主义、拜金主义等不良思想,贻害社会,与一般动物没有本质的差别。人对安全感的需求,对爱和归属感的需求,对尊重乃至自我实现的需求无法脱离于社会而得到满足。社会为人的生存和发展提供必要的生产生活资料,为人生自我价值的实现和人的需求的满足提供物质基础。因此,人的社会价值是人之为人的自我价值最终实现而必须创造出来的,也必然创造出来的价值形式。

二、应有价值和实有价值的统一

人生的应有价值与实有价值则是人生价值的应然与实然形态,对其进行研究有助于正确认知和客观评价人生价值,对于促进人生价值的提高与实现具有重要的理论和现实意义。

(一) 应有价值与实有价值的基本内涵

个体的应有价值基于其具体现实状况,理论上应达成的一种抽象价值形态。个体的应有价值因人而异,其形成受先天条件、后天习得的科学文化素质以及个人品德修养所塑造的人格所影响。首先,个体的应有价值之形成,依赖于其特定的外部生存环境,包括社会物质发展水平、政治稳定程度、社会文化氛围以及思想解放程度和创新精神等关键因素。正如孟子所强调的天时、地利、人和,构成成功的必要条件。通常情况下,身心健康、品德高尚且具备较高科学文化素养的个体,在物质充足、政治稳定民主、思想氛围宽松的环境中,更易形成较高的应有价值。反之,缺乏上述因素的个体,其应有价值则相对较低。其次,个体的应有价值之形成,离不开人生目标的确立,人生目标是人生应有价值的重要载体。在先天条件和后天环境的共同作用下,个体结合自身条件和现实状况,形成满足生理需求和社会需求的人生目标,应有价值便在这一过程中产生。人生目标是人的需求的对象化,是人对自身定位的预先确认,即"我应当成为什么样的人",从而自然形成个体的应有价值。不同的人生目标决定了人生应有价值的差异性。当个人需求与社会需求发生冲突时,人生目标的确立将产生差异,相应的人生应有价值也会有高低之分。只有在确立了人生最佳目标,即"价值最大、最易于实现"的目标后,个体的应有价值才能得到较好的实现。根据价值实现的对象不同,应有价值可进一步细分为不同的价值形态,如应有社会价值、应有自我价值、应有历史价值、应有现实价值、应有未来价值等。

个体的实有价值,是与应有价值相对应的概念,指个体实际创造的人生价值。它涵盖了人生的历史价值和现实价值。实有价值与应有价值的显著区别在于:实有价值是个体通过实践活动产生的具体物质形态或精神形态的价值。与应有价值的抽象性相比,实有价值具有客观现实性,是客观存在的。忽视或否认这一点,将陷入虚无主义的困境。尼采曾明确提出了"上帝死了"的命题,否定了以基督教信仰为代表的上帝概念以及现代理性的正面意义,转而提倡"超人"的权力意志和永恒轮回的哲学。这实质上是对人的实有价值的客观存在性的否定。尼采坦率地承认了人生的虚无性,其提出的"重估一切价值"的哲学论调,可视为西方存在论的具体化和意志化,并试图通过"超人"的坚强和主宰,超越普通民众的软弱和屈从,将"消极的虚无主义"转变为"积极的虚无主义"。影响个体实有价值的因素众多,首先,最重要的是个体的内在价值。内在价值是在先天价值(即个体对自身生命价值的意识和肯定)的基础上,由既有的科学文化素质、个人品质、性格、人格意志力等因素共同作用形成的创造价值的能力。内在价值在特定外部条件下转化为外部价值。通常,在其他条件相同的情况下,个体的内在价值越高,其实有价值就越高。其次,现实价值的实现需要一定的外部条件,如物质条件的满足、政治的稳定、自由民主的社会氛围等。所谓"时势造英雄",即指外部环境对个体实有价值的影响。再次,实践是影响实有价值的直接因素。内在价值只有在实践中才能转化为实有价值。实践的方式和方法,直接影响实有价值的大小。

(二)应有价值与实有价值的内在联系

应有价值与实有价值之间存在本质区别,同时二者之间亦存在紧密联系。首先,应有价值构成了实有价值的内在前提。应有价值体现为一种理论上的价值形态,是理论上可达成的价值形式。然而,它并非完全脱离现实。应有价值是个体综合先天价值与后天努力所形成的一种创造新价值的能力,它有待于转化为实有价值,是实有价值的必要条件。其次,实有价值是应有价值的外在表现。实有价值是在应有价值基础上,通过个体实践转化而来的。再次,既成的实有价值反过来又作为新的动力,融入新的应有价值,成为推动应有价值发展的因素。在实有价值的创造过程中,个体综合运用各种知识和能力,解决实践中的问题,从而提升自身素质和能力,进而提高自身的应有价值。

从定量分析的角度来看,人生的应有价值与实有价值之间存在以下几种关系:实有价值小于应有价值、实有价值等于应有价值、实有价值大于应有价值。首先,实有价值小于应有价值,即人生目标未达成,人所应实现的价值未能完全实现的状态。导致这种现象的因素主要包括:未结合自身实际情况制定科学合理的人生目标,未在既定人生目标指导下选择正确的人生道路,后天不利环境对人的影响,以及个人主观努力程度不足。其次,实有价值等于应有价值,即达到既定人生目标,实现了人所应实现的价值的状态,也就是通常所说的"中规中矩"的人生状态。导致这种现象的因素主要包括:制定了科学合理的人生目标,在人生目标指导下选择了正确的人生道路,后天环境未对人的发展造成不利影响,个人在自身条件下达到了应有的主观努力程度。再次,实有价值大于应有价值,即达到了既定的人生目标,同时个体所实现的人生价值超越了其应实现的价值状态,即出现了"超常发挥""超值"的现象。导致这种现象的原因主要有两个:一是确立了人生最佳目标,并在最佳目标指导下选择了最优的人生道路,无论后天环境是否有利,个体均未受到较大影响,并且尽了最大主观努力,甚至超越了自身先天条件的限制;二是社会评价高于实有能力,社会对个体的评价超出了其实际贡献。

三、自我超越是人生价值的主导力量

"自我超越"源自人类独有的自我意识。个体在人生旅途中不可避免地遭遇各种不完美,这些不完美既体现在日常生活的环境、社会历史背景以及偶然的际遇中,也显著地反映在个体的精神状态上。自我意识赋予人类一种能力,即能够从对外部世界的不满中转向对自身的反思,进而对内在世界的不完美进行批判性思考,从而催生出超越不完美、追求精神完满的愿望与力量。换句话说,精神状态的不完美激发了人们对精神理想的追求和对完满境界的向往,成为推动人类不断自我超越的不竭动力源泉。在追求精神完满的超越过程中,主体能够在人的精神世界中构建出更加优化的意义体系和价值图景,实现更高层次的人生价值。

自我超越能力的两个要素是"自由"和"自觉"。首先,自我超越是一种"自由"的行为,即面对人生的种种境遇,人能够不受境遇的控制,通过自由、自主地选择,来改变自己的人生态度以及支撑该态度形成的价值取向和意义世界。

西方哲学思想关于人的自由本性有着深刻的阐释。其中,萨特从现象学中的"意识存在结构"出发阐释人的自由性和超越性最为彻底。他认为,人的意识具有一种先天的存在结构,这种意识存在结构注定了人的自由本性。因为人的本性是自由,人的意识能够设定超越自身的对象。判断和知觉的不一致,显示出意识具有相对于外物的自由,因为意识并不总是按照外物存在来判断外物的,意识有对外部存在说"不"的自由,总是能"是其所不是,不是其所是"。人能够想象,也是因为他先天地是自由的,并且与知觉相比,想象的意向性具有更大的自由,它可以设定知觉不到的事物作为意向的对象。情绪也是人自由本性的体现,人能把知觉的对象转变为情绪对象,把决定了的因果世界转化为自己可以对之有所反应和有所作为的世界。从知觉、想象、情绪等各个方面,萨特断定:自由是意向活动的内在结构。

萨特说:"人类的自由先于人的本质,并且使人的本质成为可能。"[①]即"存在先于本质"。萨特的存在主义哲学提出"存在先于本质"的观点,明确区分了人与物的本质差异。物作为消极被动的存在,缺乏自由意志,无法自我塑造;而人的自由则体现在其选择行为本身。他认为,人的所有特性都是作为自由主体依据个人意愿所塑造的。人不仅是其存在后,通过自我意愿所转化的实体,更是其自我设想的产物。人的存在是一种区别于"自在存在"的"自为存在"。

因此,在萨特的哲学体系中,人的任何存在状态均是自由选择的结果,存在过程即为自由选择的过程。自由选择是无条件的,除个人的自由意志外,无其他因素能决定人的存在。面对众多可能性,人成为选择的中心,人的本质完全取决于个人的设计、规划、自我选择和自我塑造。所有选择均基于特定情境下的个人意愿,由个人独立进行,不受普遍或先天标准的约束,不遵循任何因果和逻辑关系。

---

① [法]萨特著,陈宣良等译:《存在与虚无》,生活·读书·新知三联书店,1987年,第152页。

一方面,人生的选择是个人自由行为的体现,不受外界和任何外力影响;另一方面,个人需对其选择及其后果承担全部责任。除自身外,无他人可代为负责。萨特认为,绝对自由意味着选择的绝对自由以及承担选择后果的绝对责任。"存在主义的核心思想是什么呢?是自由承担责任的绝对性质;通过自由承担责任……"①面对人的绝对自由,人不应寻找借口逃避责任或自我欺骗,而应不断追求和趋向于自我超越、否定自我和世界,不断赋予自我和世界新的价值和意义。

从萨特对自由的阐释中,我们可以明确得出一个结论:决定个人人生价值的主导因素在于个人内在,而非外在。在任何人生境遇下,个人均有自由选择和自我决定的可能性。人生价值的大小正是在个人多次自我选择和自我决定中逐步形成的。尽管个人无法一劳永逸地达到完满的自我和世界,但这种超越、否定和创造是无尽的,个人始终处于超越、否定和创造之中。在追求更高层次人生境界的自我超越中,个人的不断超越和创造才是真正的自由,只有通过自由的超越,个人才能趋向更完满的存在。

实际上,每个人总是生活在现实之中,面对一个无法选择的既定前提,这个前提历史地、现实地规定着人的存在。因此,人的存在是"直接给予的事实",正如马克思所言,人是历史的"剧中人"。人生活在社会现实中,首先需适应社会,获得社会赋予的规定性,即社会化,否则,人将失去存在的资格。但人并非环境的被动产物,人在能动地改造环境的同时,也在创造自我,实现对既定自我的超越。因此,人又是自由创造活动的产物。人既是环境的产物,又是主动的创造者,创造过程即为不断超越自身既定性的过程,不断走向自由。这种自由既包括现实的人身自由,也意味着在道德、认识和审美方面的自由,即能自由地实现个人的人生价值。

首先,人的自由本性为朝向高层次人生境界的自我超越奠定了基础,使朝向高层次的自我超越成为可能。换言之,正是由于人在任何时候都拥有不受外界环境和内在本能束缚的自由本性,他才可能在任何时候超越外在环境,超越本能束缚,走向更高的人生境界。反之,如果个人的自我超越活动并非出自个人的自

---

① [法]萨特著,周煦良、汤永宽译:《存在主义是一种人道主义》,上海译文出版社,1988年,第12页。

由选择或自主意志,那么这种自我超越所达到的可能并非有价值的人生,而可能是习俗、舆论等环境因素的结果,或者是本能冲动的体现,仅是低层次人生价值的反映。正如康德所坚信的,自由是道德活动的先决条件;只有自主自由的行为,才具有道德价值。我们也可以说,自由是实现人生价值的先决条件,唯有自由的灵魂才能自主自觉地,而非被迫地进行个人的人生选择。只有出自自由的选择和自由的意志,朝向高层次人生境界的自我超越才是真正的自我超越。

自由是实现人生价值的先决条件,但在自由的精神活动中,人不仅可以提升人生境界,也可能堕落。对自由的误用可能导致自私意志的出现,从而破坏真正的人的发展。因此,在实现人生价值的道路上,人不仅要充分发挥自由精神,而且更需具备"超越的自觉",使个人意志与正当和善良相续,真正提升和发展人生境界。自我超越是一种"自觉"的行为,这种自觉性源于对人生境遇和心灵状态的反思以及对超越方向和途径的明确。因此,自我超越是一种基于自由意志和自觉反思基础上的人生选择。

自我超越的"自觉性"首先体现在人对"精神独立"的觉悟。人是生物性和精神性的统一,但人的超生命本性决定了精神是人的生命的根本。人若失去精神,便沦为纯动物性的存在。精神既依附于动物性机体而存在,同时又将动物性带出自身,使人超越了内部自然所规定的各种生物学需求——自然本能的冲动。对人而言,虽有本能冲动,但人能够有意识地支配自己的本能冲动,或者说,人的本能是被意识到的本能。舍勒指出:"人,只有人——倘使他是人本身的话能够自己作为生物超越自己。"[①]因此,他给人的定义是:"人是超越的意向和姿态,人是生命超越本身的祈祷,人是不断开放、不断生成的。[②]"当一个人自觉到自己的精神性能够超越生物性时,就获得了"精神独立"的自觉。

其次,自我超越的"自觉性"还体现在人对"应然"的觉悟上。人生的属性分为两类,一类是"实然"的属性,指人生已经达到的,或已经具备的属性,包括与生俱来的生物性和已经内化为个体生命组成部分的精神性和社会性;另一类是"应然"的属性,这是一类目前虽未达到但生命正在追求的对象性存在物。

人既是现实的、经验的,又是理想的、超验的。人要在现有和经验中对自身

---

① 引自刘小枫:《二十世纪思想家文库·舍勒选集》,上海三联书店,1999年,第439页。
② [德]舍勒著,刘小枫选编,林克等译:《爱的秩序》,北京三联书店,1995年,第57页。

做出肯定,生活在当下。但人的本性使人还生活在理想世界,生活在"乌有之乡",不断走向人的"应然"的理想中。对人来说,最重要的不是"当下",而是"尚未",人的"尚未"集中体现了人的应然逻辑。人对未来"应然"和"可能"的关注较之于对现实的关注更为强烈,更为本质和深刻。对未来的向往,成为人前进的动力,人总是在向着"理想""应是"行进的途中。正是对"未来"的向往和对"可能"的追求,使人超越了自己的历史和现实。

最后,自我超越集中地表现为对"现实规定性"的反思和批判。自我超越是个体在"应然的理想"引导下,通过对"现实规定性"的反思和批判,实现对"现实规定性"的否定。否定即是对"对象"进行反思,发现其中的不足,进而产生克服不足、走向完满的新理想,完成一个否定之否定的超越。

当一个人面对不完满的人生境遇时,他不仅能思考人生境遇本身,还能反思自己对人生境遇的态度,在"批判"中否定原先的意义世界,继而通过改变人生态度以及改变自己的价值取向和意义世界来改变自己的心灵状态,从而实现心灵的超越。总之,人生境遇和自我超越能力的不同,决定了人生境界的不同。

第五章　现代社会发展的价值取向与路径选择

一、现代社会发展的价值取向

自20世纪中叶以来,全球化趋势日益明显,其影响在政治和经济领域尤为显著。随着全球化的深入发展,社会信息化程度显著提升,对意识形态(价值选择)领域产生了深远的影响。全球化的发展已从政治、经济领域扩展至文化领域,导致全球范围内超越国界、社会制度、意识形态的文化和价值观念的冲突与整合,多元文化相互激荡。新思想的不断涌现对人们现有的意识形态构成冲击,我国意识形态领域因此面临多方面的挑战。

探究其根本原因可以发现,改革开放促使中国从传统的农业社会向现代工业社会转型,这一转型不仅体现在生产力、生产工具的持续发展与进步,更体现在生产关系与人的价值观念的不断演变。与传统工业社会相比,现代工业社会的主要特征在于工业生产带来的巨大财富积累、生活水平的提升以及民众受教育程度的普遍提高。人们的价值目标随之转变,从过去强调集体利益转向追求个人利益最大化,社会层面则强调经济增长,甚至不惜以"人的异化"为代价,追求经济效率,以实现和保障效率。随着市场经济的确立,中国建立并完善了社会主义市场经济体制,取代了原有的计划经济体制,似乎在现实层面上摆脱了传统的生产方式。相应地,在价值领域也为告别传统信仰打下了思想基础。然而,由于现有的价值体系尚不成熟,我们不得不在成熟的自由主体意识形成之前重新回归传统。这导致了中国人在传统与现代之间、东方文化与西方文化之间的价值多元选择与困境。

(一) 坚守人民至上的价值理念

人的自由全面发展是马克思主义的终极价值目标,"人民至上"则是人的自由全面发展目标在当代中国的具体体现。如前文所述,中华文明传统价值观念从整体上来说就是"人民至上""以人为本"的价值观。先秦典籍中就蕴含着丰富的民本思想,如"汝无侮老成人,无弱孤有幼,各永于厥居"(《尚书·盘庚》),"民惟邦本,本固邦宁"(《尚书·五子之歌》),这些内容充分体现了亲民、爱民的思想。除了亲民、爱民之外,还有要求重视民意的思想,如"国将兴,听于民;将亡,听于神"(《左传·庄公三十二年》)。同时,孟子还提出了"民贵君轻"的思想,老子强调统治者应该以百姓的诉求为立足点和归宿。先秦时期的这种亲民、爱民、重视民意的传统对后世产生了深远影响。

党的十八大以来,总书记始终把"谋求人民幸福"写在自己的旗帜上,深刻指出:"人民对美好生活的向往就是我们的奋斗目标。"[1]"人民性是马克思主义的本质属性"[2],坚持人民至上理念是党百年奋斗的宝贵经验,"人民的创造性实践是理论创新的不竭源泉"[3],中国共产党团结带领全国各族人民之所以始终能走在时代前列,不断推进中国特色社会主义理论体系创新和实践伟业,靠的就是人民群众的力量。"一切脱离人民的理论都是苍白无力的,一切不为人民造福的理论都是没有生命力的。"[4]没有人民群众的支持和拥护,所有伟大事业都将是"空中楼阁"。新时代的人民既是近代中国以往历史的继承人,也是实现中国式现代化的开路人。历史不断向前发展,中国式现代化受历史已形成的客观社会条件和人民主体条件的制约和规定,人生活的现实社会是人的本质力量对象化的历史产物,实践既是人的活动舞台,又是人活动的对象。而这些社会现实条件又会制约人的发展,但是,人不仅是受动的、受制约的,更是主动的、有激情的、

---

[1] 习近平:《习近平谈治国理政(第1卷)》,外文出版社,2018年,第424页。
[2] 习近平:《高举中国特色社会主义伟大旗帜 为全面建设社会主义现代化国家而团结奋斗——在中国共产党第二十次全国代表大会上的报告》,人民出版社,2022年,第19页。
[3] 习近平:《高举中国特色社会主义伟大旗帜 为全面建设社会主义现代化国家而团结奋斗——在中国共产党第二十次全国代表大会上的报告》,第19页。
[4] 习近平:《高举中国特色社会主义伟大旗帜 为全面建设社会主义现代化国家而团结奋斗——在中国共产党第二十次全国代表大会上的报告》,第19页。

有追求的,人可以通过自身能动性改变社会条件。人民群众作为历史发展的主体,是历史的、有目的的创造活动的主体,人民群众不断创造历史。"人的认识活动使人知晓客体的本性与规律,克服了客体对人的神秘感和异己性;人的实践活动使人改造客体,设置客体,使自然界人化,从而创造出人类社会及其全部文明成果。"[①]人民会以主体的姿态来审视社会现实,人民群众能积极处理和解决各类现实矛盾。社会要想向前发展,理论要想成为现实,必须要由人民来实现。中国式现代化是以人民为中心的现代化,是不断实现好、维护好和发展好最广大人民的根本利益的现代化,"我们要站稳人民立场、把握人民愿望、尊重人民创造、集中人民智慧,形成为人民所喜爱、所认同、所拥有的理论,使之成为指导人民认识世界和改造世界的强大思想武器"[②]。以中国式现代化全面推进中华民族伟大复兴就要坚守人民至上的根本价值立场。

(二) 实行社会公平正义

自古以来,公平正义一直是思想家们关注的核心议题。构建一个理想化的公平正义社会,是他们不懈追求的目标。柏拉图所描绘的"理想国"、康帕内拉笔下的"太阳城"、圣西门所构想的空想共产主义、老子所倡导的"小国寡民"、陶渊明所向往的"世外桃源"、谭嗣同所提出的"大同世界"以及马克思主义所展望的共产主义社会,均体现了在公平正义理念下的人生价值追求。公平正义作为人类追求的至高道德理想,它贯穿于人类社会生活的各个层面,彰显了人类的共同利益,体现了以互利为基础的人际关系和社会间平等的诉求。恩格斯在谈到公平正义问题时指出:"这种平等要求更应当是,从人的这种共同特性中,从人就他们是人而言的这种平等中,引伸出这样的要求:一切人,或至少是一个国家的一切公民,或一个社会的一切成员,都应当有平等的政治地位和社会地位。"[③]从哲学价值论的视角审视公平正义议题,其内涵涵盖了形式公正与实质公正两种维度,公正表现为形式公正与实质公正的有机结合。每个主体所追求的公正

[①] 李秀林、李淮春、陈宴清等:《中国现代化之哲学探讨》,人民出版社,1990年,第298页。

[②] 习近平:《高举中国特色社会主义伟大旗帜 为全面建设社会主义现代化国家而团结奋斗——在中国共产党第二十次全国代表大会上的报告》,第19页。

[③] 《马克思恩格斯选集(第3卷)》,人民出版社,2012年,第480页。

"应当"体现为形式公正,而将形式公正的"应当"转化为实质公正的"实现",则必须依赖于规范与制度的执行及其保障机制。只有"当规范使各种社会生活利益的冲突要求有一恰当的平衡时,这些制度才是正义的"[①]。在该制度的保障下所获得的利益,方为实质上的公正,才体现了形式公正与实质公正的辩证统一。因此,公平正义必然涵盖了规范与制度的维护与实现。总而言之,公平正义是人类所追求的社会理想境界,真正的自由平等唯有在共产主义制度下才可能达成,而这样的制度正是正义所要求的。"正义是社会制度的首要价值,这种价值的地位就犹如真理是思想体系的首要价值一样。"[②]公平正义是人类追求的社会理想,也是人类社会发展的一种进步价值取向,没有公平正义就没有和谐的世界,就没有人生价值的实现。

公平正义作为人类追求的至高道德理想,贯穿于社会生活的各个层面,体现了人们的共同利益,并反映了基于互利原则的人际关系及人与社会之间的平等诉求。伦理学中的公平正义观念自远古时期形成至今,其持续存在并发展,不仅源于人们对道德理想的内在体验,更在于社会文化生活中长期形成的公平正义观念对人的思想与行为产生了深远的影响。作为处理人际关系的基本准则,公平正义对人生理想境界的构建与提升具有显著的影响力。

首先,公平正义是人生价值构建的关键要素。公平正义既受一系列制度安排和社会结构所决定的环境影响,也受个人对社会公平正义的主观感受和评价所影响。换言之,公平正义是由"客观社会因素"与"主观心理因素"共同作用的结果。它既体现在社会结构合理性的标准上,也体现在个体心理层面的主观感受上。个体心理层面的主观感受构成了个体所获得的社会公平正义。公平正义是实践主体在实践关系中与自身、与他人对比时所形成的主观评价。由于需求与能力导致的价值选择差异,以及对自身和社会期望的不同,个体在人生实践中表现出显著的公平正义感的差异性。这种差异性被内化至人生价值,进而导致了人生境界的差异性。因此,个体的公平正义决定了其人生价值的构建。

其次,公平正义为人生价值追求提供了良好的外部环境。每个人的自由全

---

① [美]约翰·罗尔斯著,何怀宏等译:《正义论》,中国社会科学出版社,1998年,第3页。

② [美]约翰·罗尔斯著,何怀宏等译:《正义论》,第1页。

面发展是人生理想境界构建的最高标准,也是社会发展的终极目标。正如马克思所言:"每个人的自由发展是一切人的自由发展的条件。"人的自由个性实现的前提是将"物的依赖关系"转变为"自由人联合体",其社会基础在于个人的全面发展及其社会共同生产力成为社会财富。社会的公平正义不仅确保了为人的发展提供日益丰富的物质生活资料和精神食粮,而且为人生境界的构建创造了良好的社会环境。因为公平正义具有协调利益、解决矛盾的内涵,实现了社会公平正义,矛盾和冲突不易产生,社会和谐得以建立,为人的全面发展奠定了社会基础,也为人生境界的修养提供了良好的环境。

再次,公平正义对人生价值的生成与提升具有显著影响。公平正义规定了人的基本权利和义务,以及资源与利益在社会群体和社会成员之间的适当安排和合理分配。对社会而言,公平正义至关重要,"正义是社会制度的首要价值"。同样,培养具有公平正义意识的个体行为对人生高尚境界的构建也具有重要影响。公正的素质使人们能够正确对待自身权利与义务,培养良好的道德意识;使人们更好地与自然、社会及人类本身和谐共存,树立崇高的人生境界;使社会公众法治意识增强,法治观念提升,执法公正,从而增强人们对自身价值与意义实现的认同感。

公平正义作为社会主义的基本精神和价值追求,是由社会主义的本质特征和属性所决定的。社会主义的根本任务是解放生产力,但经济增长并不自动带来幸福。只有在公平正义基础上的经济繁荣,以及协调政治、经济与文化发展,才是通往幸福之路。即使对幸福的定义尚不明确,但通过公平正义的规制,努力使人的生活更加公平公正、和谐,无疑将使我们更接近自由的境界。

(三) 人生信仰的确立

信仰是"对某人或某种主张、主义、宗教极度相信和尊敬,拿来作为自己行动的榜样或指南"[①]。"作为人类特有的一种精神现象,信仰是人生活的目标、生活的激情,是人生的意义与归宿的共同源泉,是人的世界观的体现和反映。"[②]

---

① 中国社会科学院语言研究所《现代汉语词典》编辑室编:《现代汉语词典》,商务印书馆,1996年,第1405页。

② 赵继伦:《精神文明的时代审视》,人民出版社,2004年,第187页。

"人作为一个生物体,存在于大自然,存在于与他人、与环境互动的社会之中,人的生命不是简单的一维现象,而是一个多向度延伸着、不断变动着的三维现象。每一个人都有三重生命:自然生命、社会生命、精神生命。"① 自然生命是人存在的有形生命,跟动物差不多;社会生命是人在其所生存的社会中所承担的角色与职责,是不断变化的;精神生命是人的思想和精神的存在,是"超乎天地外,不在五行中"的存在。人类的精神生命赋予了其独特的自主性和能动性,驱使其在有限的生命历程中不断追求超越生命本身的无限事物,如信仰、道德、价值等,以此为更高的生命意义而生活,致力于实现自我价值的最大化。信仰构成了精神生命的"主心骨",是人类精神的核心所在,也是人的全部价值意识的定向所在。缺乏信仰的生命,仅剩躯壳而无灵魂。信仰本质上是一种价值观,它决定了人们将选择何种人生价值。剥削阶级将个人利益最大化作为人生信仰,从而形成了功利主义的价值观;无产阶级以服务人民为实践宗旨,因此形成了高尚的道德价值观;宗教信仰者坚信应将自己奉献于神,并遵循神的意志来规范自身,从而形成了宗教价值观。因此,信仰的选择在很大程度上决定了人生的价值取向。信仰之所以在人生价值的形成中扮演如此关键的角色,原因有三。首先,信仰是主体的一种精神状态,它体现了主体对其所认定的崇高、完美境界的真诚向往、信任和持续追求。其次,信仰反映了人对人生和社会价值理想的构建,或对最高价值的承诺,它维系着人们对精神家园和终极关怀的探索,从根本上影响着人的精神生活和精神境界的构建。最后,信仰的确立并不仅仅在于对某种抽象观念的追求,而在于对人类自身本质力量和生存发展方向的把握,"即便是最荒谬的迷信,其根基也映射了人类的永恒本性"。因此,作为一种终极性的价值观念体系,信仰是人们对社会和人生终极目标的追求,是现实精神生活的支撑,是人们世界观、人生观、价值观的体现。

信仰的建立,无论是直接还是间接,均深刻影响着个人的行为模式与思维路径。因此,信仰作为一种精神现象,其本质在于将特定的价值信念置于思想与行动的核心位置,成为价值意识活动的中心调节机制。从这一视角出发,信仰对个体的影响尤为显著且强烈。信仰为个体生命注入意义,整合并统摄个体生活中的各种要素,为个体生命提供动力与方向,并在构建理想人生境界方面发挥着至

---

① 李德顺:《人生与信仰》,《湖湘论坛》2001年第1期。

关重要的作用。

首先,信仰在人生价值的构建中发挥着情感导向的作用。信仰代表了一种全面的精神立场,一种综合性的精神活动。它使得人的精神活动围绕着最高信念这一核心,形成一个统一的精神导向,并动员各种精神资源为其服务。因此,一旦信仰确立,个体的思想行为便会自觉地与之相认同,并在实践活动中自觉地将所有行为与信仰体系中的价值观念进行比较和权衡。个体将运用自己的信仰框架来选择,用自身的价值标准来评判,确保所接触的各类现象能在自己的信仰框架与价值体系中找到合适的位置。同时,在信仰的引导下,个体也会坚决排斥、反抗、抵制那些与自身价值体系相悖的思想与行为。

其次,信仰在人生价值的构建中具有激励意志的作用。信仰源自灵魂深处,它引导或潜移默化着人的行为,促使个体在人生道路上更加坚定地前行。这种力量可能源自某种主义、某种真理,或是神灵,抑是某种信念,它总是从终极关怀的角度激励着人的精神世界与行为实践。因此,拥有信仰的个体,在人生实践中不断追求新的高度与境界,一个充满信仰的人生常常是激情四溢、愉悦和充满诗意的,即便面对逆境,也不会放弃既定的人生目标。因此,"信仰构成了人类精神寻求逃避永恒和无限的压迫以及驱除人类自身在宇宙存在中的漂泊感和孤寂感的驿站和家园"①。也就是说,坚定的信仰使人生实践充满价值、意义与信心。马克思主义信仰是科学的信仰,是全世界无产阶级和共产党人最崇高的精神信仰。信仰马克思主义,不只是为了解释世界,更是为了改造世界;不只是为了解除个人苦痛和自我完善,而是为了阶级的解放,人类的解放;不只是拯救人类,更是对人类自身力量的肯定,坚信人民群众是创造历史、改造世界的主体。因此,马克思主义信仰是新时代人生价值建构的时代选择。

人生信仰作为人类精神最深层的结构,体现了价值主体对人生的终极依据、意义和价值目标的追求与寻找,即人对一种具有无限性的终极依托的寻找,并且它在最深远、最稳固的心灵层次上影响和制约着人的意识活动、精神生活和行为倾向,影响着个体发展的方向、水平、速度,指导着个人人生价值的生成,统摄着个体的整个精神世界。因而,科学信仰的确立是思想政治教育的核心,也是人生价值建构与提升的核心。

---

① 李太平:《论信仰教育》,《教育评论》2001年第1期。

二、人生价值与现代中国发展的路径选择

在社会发展的进程中,人生价值扮演了关键的导向角色。我国在社会发展的过程中,面临着诸如发展不平衡、收入差距扩大、价值观念混乱以及生态问题等挑战,这些问题的根源在于发展价值取向的偏差。当前,我国正处于社会快速发展的阶段,社会各个层面都在经历持续的变革。因此,我们必须随时准备应对新出现的社会问题,并提出恰当的发展价值取向,确保发展实践的正确性。针对我国社会发展中存在的问题,我们应当构建一个以人为核心、全面协调、公平正义、人与自然和谐共生的人生价值观。

(一)坚持以社会主义核心价值观为指导

社会主义核心价值观不仅是中国特色社会主义伟大实践在精神层面的结晶,也是中华文明长期滋养的结晶。在中华文明发展的历史过程中,逐渐形成了仁爱、民本、诚信、正义、和合、大同的思想,形成了儒家"仁、义、礼、智、信"的价值观,释家"普度众生"的价值观,道家"天道自然"的价值观。这些价值观既是古代先贤人生境界的结晶,也成为规范、引导主体行为的规约。社会主义核心价值观继承了中华优秀传统文化,并将当下国家、社会、个人的需求与之相结合,成为当下中国人生存和发展的道德规约。正所谓,国无德不兴,人无德不立。从人类生活来说,人的生活分为物质生活和精神生活。社会主义核心价值观与人生价值同属于精神层面的范畴。社会主义核心价值观是当下中国人利益需求和价值追求的统一。人生价值作为人的长期生活经验内化于人的心理结构,在实践中表现为对真善美的追求,在本质上与社会主义核心价值观有高度一致性。因此,人生境界的提升离不开社会主义核心价值观的指导。社会主义核心价值观对个人的指导主要从爱国、敬业、诚信、友善四个方面展开。人生价值的问题在某种程度上说就是对人存在意义的理解。在文化发展史上,对人生意义的理解有把个人利益置于社会意义之上,以个人的物欲满足为唯一追求的纵欲主义,如列子;有以个体精神自由为最高追求的,如老子、庄子;有把社会责任、历史使命置于个人生命意义之上的爱国主义,如孔子、孟子、荀子、朱熹等。价值取向决定了生存的意义,没有价值取向就无法定义个人的生存意义,也就无法提升人的精

神境界,因此价值观与人生境界的培育具有一致性。

社会主义核心价值观在个人教育中首先强调的是爱国主义。爱国主义是一种长期历史发展而形成的深厚情感,这种情感源于个体对祖国的深切热爱。在中华民族五千年的历史长河中,经历了多次分合与战乱的洗礼,民族融合不断加深,国家凝聚力日益增强,中华儿女对祖国的归属感和认同感不断深化,形成了"家国同构"的民族意识。爱国情感是个体对国家共同体的直接情感体验和情绪反应,它具有强大的感染力和直接的激励作用,是激发爱国行为的直接动因。作为主体性情感的爱国主义,建立在主客体价值关系之上,是个体对事物是否满足自身利益和需求的感知与判断,它既是一种道德情感,也是一种道德规范。强烈的爱国情感能够引导人们树立坚定的爱国志向,抵制自私狭隘的目标;能够坚定人们的爱国信念,反对悲观失望和自卑自弃的思想;能够促使人们自觉遵守爱国道德规范,抵制损害国家和民族利益的思想行为。爱国道德规范要求每位公民热爱人民,尊重祖国的物质与精神文化遗产,珍视祖国的自然景观,捍卫国家的主权和领土完整,拥护社会主义制度和中国共产党的领导,维护国家的尊严和荣誉,以及促进国家的团结和统一。

"无数互相交错的力量,有无数个力的平行四边形,由此产生出一个合力总的结果。"[①]历史的形成是众多个体力量共同作用的结果,个体的爱国情感汇聚成集体的爱国主义精神。在爱国主义精神的引领下,有助于增强民众的价值共识,提升民众的精神风貌,激发民众的意志力。个人价值的提升依赖于明确的价值导向,在目标的指引下,需要一种由内在状态和气质转化而来的活力作为行动的动力,需要人的思维过程转化为行动的意志为支撑。个人价值的提升是一个动态的过程,在此过程中需要外部环境的滋养。爱国主义教育,可以为主体精神境界的提升提供和谐的外部环境。因此,拥有爱国情怀是个人树立崇高人生价值的必要条件。

敬业精神作为社会主义核心价值观的组成部分,在当代中国社会人生价值观构建中占据着至关重要的地位。敬业精神涉及对所从事职业的尊重与热爱,具体表现为"爱岗敬业、诚实守信、办事公道、服务群众、奉献社会"。人类不仅具有自然属性,更具备社会属性,其所有活动均与社会实践紧密相关,而人生境

---

① 《马克思恩格斯文集(第10卷)》,人民出版社,2009年,第592页。

界的塑造亦是在社会互动过程中逐步完成的。在中国传统社会,职业分工与职业道德早已有之,《周礼·考工记》对当时的社会分工进行了概括,提出了"国有六职",包括王公、士大夫、百工、商旅、农夫、妇功,并明确了各职业应承担的社会责任。中国传统社会的职业发展逐渐孕育出一套相对完整的职业道德体系,而敬业精神则是贯穿这一社会体系的核心。随着社会的发展,现代意义上的敬业精神逐渐形成,它体现了个体对所从事职业的热爱以及基于此而产生的全身心投入和无私奉献。这种精神是崇高人生境界在职业领域的体现。社会主义敬业观强调职业生活与个人生活的融合,职业认同感的形成,专业精神与担当意识的结合,以及个人价值与集体价值的统一。社会主义敬业观的核心是以劳动为中心的职业价值观,以集体主义和为人民服务为导向的职业价值观,以及以人的全面发展为目标的职业价值观。一个具有高尚境界的人必然是一个敬业者,一个爱岗敬业、精益求精、尽忠职守、善于创新的人,一个踏实做人、乐于奉献、勇于担当的人。劳动者的人生价值在劳动中得以提升,同时,崇高的境界在劳动中引领着人的社会实践。

诚信与人生价值之间的关系主要体现在其内涵上。《说文解字》中指出,"诚,信也,从言,成声";"信,诚也,从人从言,会意"。从词义角度分析,诚信被理解为"诚实守信,为人处事坦诚实在"。其中,"诚"强调的是内在的道德修养,表现为真诚坦荡、真实无妄;而"信"则着重于外在的行为原则,即与世无欺、外信于人。二者的结合构成了一个内外兼修、表里如一的道德人格。诚信作为立身之本,始终是中华民族在行为规范和道德修养方面所特有的价值观。在人际交往中,诚信不可或缺,孔子亦曾言:"人而无信,不知其可也。"(《论语·为政》)诚信对于提升人生价值而言,是身心和谐的基石。《周易·文言》通过乾卦九三爻的系辞阐述了人应追求德行、忠诚与信义,认为这是身心安顿、远离祸患的根本,"'君子终日乾乾,夕惕若,厉无咎。'何谓也?子曰:'君子进德修业。忠信所以进德也;修辞立其诚,所以居业也。知至至之,可与几也;知终终之,可与存义也。是故居上位而不骄,在下位而不忧,故乾乾因其时而惕,虽危无咎矣"。同时,《周易》将"天助""天佑""人助"与人的诚信相联系,"自天佑之,吉无不利"。"佑者助也。天之所助者。顺也;人之所助者,信也。履信思乎顺,又以尚贤也。是以自天佑之,吉无不利也。"(《周易·系辞上传》)"人助"代表社会因素,"天助"代表自然因素,意味着诚信之人顺应社会要求和自然状态,从而达到身心和谐。相反,诚信的缺失将导致物欲横流、假冒伪劣等现象屡禁不止。在个人层面,表现为急功近利、见利忘义、损人利己、投机取巧、不择手段、贪污受贿等,这些行为不仅阻碍了个人境界的提升,也破坏了社会环境,影响了人生境界的提升。诚信是道德发展的根基和基础,是所有事业成功的保障。诚信不仅是公民在公共领域交往的规范和政府机构的行事准则,而且是个人道德修养的重要保障。只有从自我做起,让诚信真正深入人心,人与人之间才能更加友善,社会文明水平才能进一步提升。

友善与人生价值的关系主要体现在方式方法上。友善就是友爱和善,重友谊、求和谐、存真善、讲爱心。"友善"不像敬业那样指向特定的群体,它是与人际关系紧密相连的道德要求,涉及亲人、朋友、社会、自然等。善待亲人可以和谐家庭关系,善待朋友、善待他人可以和谐人际关系,善待自然可以形成和谐的生态关系。能否以友善的态度为人处世,不仅是一个人道德水平的体现,更是一个人的人生境界的表现。亚里士多德把友善称为友爱的终极形式,在《尼各马可伦理学》中,友爱分为善的友爱、有用的友爱和快乐的友爱,其中善的友爱具有终极性,是一种稳定和持久的友爱状态。"人的善就是合乎道德性而产生的灵魂的实现活动。如若德性有多种,则须合乎那最好、最完满的德性。"①亚里士多德对德性的阐述表明德性与至善不是一种外在性关系,而是一种内在性关系。德性并非达成至善的一种权宜手段,即不是德性的行为产生了幸福,而是德性本身是构成幸福的必要和中心的内在条件。"当我们说德性构成了幸福,不是德性的后果产生了幸福,而是意味着当我们拥有德性时,就在某种程度上或部分地实现了幸福。"②亦即在拥有德性的同时,也就使幸福得到相应的实现。真正的幸福或快乐是一种有道德的生活方式,幸福的生活不仅仅在于具有一种指向自己生活的高度肯定的态度;而且也会认同、享有一种幸福生活。一个人必须实际满足某种标准,而这个标准就是合乎道德的善。

(二) 在反对西方"普世价值"中贯彻中国式现代化蕴含的价值观

中国式现代化的价值观是指在推进现代化目标的过程中,以中国特定的历

---

① [古希腊]亚里士多德著,苗力田译:《尼各马可伦理学》,人民出版社,2003年,第12页。

② 龚群:《现代伦理学》,人民出版社,2009年,第90页。

史、文化和社会背景为基础,中国人民在中国共产党领导下凝练出的一套适应我国国情的具有中国特色的价值观。在批判西方"普世价值"的基础上,弘扬中国式现代化蕴含的价值观,坚持以人民为中心、人民至上,树立文化自信,弘扬全人类共同价值,不断推进中国式现代化和全体人民的共同富裕,积极承担大国责任。

首先,中国式现代化蕴含的价值观反对西方"普世价值",坚持人民至上,中国式现代化实际上是人的现代化。前文提到,西方"普世价值"表面上看是宣扬人的自由、民主、权利等,但实际上保障的仅仅是少数占有资本的人的自由、民主、权利。

据此,我们可以说,在西方资本主义国家中,自由的并非人而仅仅是资本。相反地,中国式现代化蕴含的价值观强调以人民为中心,尊重人的主体地位,关注每个人的发展和幸福感。中国式现代化不仅仅体现在经济的繁荣和科技的进步,更重要的是关注人民的全面发展,实现人民对美好生活的向往。同时维护社会稳定和谐以保障人民生活长治久安,秉持稳中求进的发展理念,注重维护社会秩序,保障并不断提升人民的安全感和幸福感,努力构建和谐社会,促进全体人民共同参与、共同发展。此外,中国式现代化蕴含的价值观,还关注人与人之间的和谐共处、人与自然的和谐共生,倡导和平、发展、合作、共赢的国际关系理念,积极参与全球事务,推动构建人类命运共同体。中国积极倡导开放、包容的态度和立场,推动多元文化的交流与融合,实现全人类的和谐发展、和平发展。

其次,中国式现代化蕴含的价值观,不仅反对和批判西方所谓的"普世价值",而且以我国传统文化为根基,推陈出新,树立中华民族文化自信和价值自信。作为古代四大文明中唯一没有中断的中华文明,有着悠久的历史和深厚的文化价值底蕴。中国式现代化蕴含的价值观,以我国优秀传统文化为基石,通过深入挖掘和发扬优秀传统文化,使其与现代价值观相结合,为现代社会提供道德规范和行为准则,发展出具有自身特色和独立价值的现代化价值观体系,集中体现为以富强、民主、文明、和谐,自由、平等、公正、法治,爱国、敬业、诚信、友善为核心的社会主义核心价值观,以及和平、发展、公平、正义、民主、自由的全人类共同价值,倡导爱国主义、集体主义、家庭观念等优秀传统价值观。社会主义核心价值观对应三重主体,分别为国家、社会和个人。其中,中国共产党是在社会主义核心价值观引导下的整个社会的管理者和组织者,是法律法规的制定者,在推动社会主义核心价值观的实施中起着至关重要的作用。当今中国需要在中国共产党的领导下,制定符合社会主义核心价值观的法律法规,加强教育系统建设,培养具有社会主义核心价值观的公民,同时通过宣传、引导和激励等方式,推动社会主义核心价值观在全社会的普及和传播。社会是社会主义核心价值观的实际承载者和发展空间。在社会层面,不同社会群体的相互作用和影响情况,决定了社会主义核心价值观的贯彻及实现程度。社会需要形成良好的社会氛围和文化氛围,倡导和践行社会主义核心价值观。各种社会组织、企业、学校、媒体等也可以发挥积极作用,通过组织活动、开展教育、传媒宣传等方式,培养人民群众的社会主义核心价值观。个人是社会主义核心价值观的最终接受者和实践者。在个人层面,每个人都应当自觉践行社会主义核心价值观,树立正确的世界观、人生观和价值观。个人应当关注社会公益,尊重他人的权利,注重个人修养和素质提升,积极参与社会建设和公共事务。通过个人的努力和言行,逐渐形成全社会的共同价值追求,实现社会主义核心价值观的全面落地。此外,中国式现代化蕴含的价值观,鼓励创新思维,以推动科技进步和社会变革。它要求我们敢于打破陈规旧习,勇于面对问题和挑战,在优秀传统文化的基础上进行创造性转化和创新性发展,探索并不断推进适合中国国情的现代化。

最后,中国式现代化蕴含的价值观的目标是实现全体人民的共同富裕,而非像西方"普世价值"那样仅仅维护少数人的利益。一方面,中国式现代化蕴含的价值观,以追求全民族的共同富裕为目标。它不仅关注经济的增长和发展,也注重解决社会问题、改善民生。追求的是全面发展,强调在经济、政治、文化、教育、科技和环境等领域的均衡发展。它注重人的全面发展,既包括物质生活水平的提高,又注重精神生活的不断提升、道德素质的培养以及文化传承。它注重在经济发展的同时保持社会稳定和政治稳定,强调发展与稳定的良性互动。在生产力建设方面,应强调全面协调可持续的高质量发展。在分配上,兼顾效率与公平。坚持国家利益与人民利益的统一,即让人民共享现代化的成果。生产力的发展带来的不是像西方那样的贫富阶层分化,而是致力于消除贫困、促进经济发展和社会公平,让广大人民共同享受到社会进步带来的福利。中国式现代化还强调国家利益与人民利益的统一,关注国家发展和民族振兴的大局,注重维护人民的切身利益和权益。中国式现代化不仅仅是一个国家的现代化,更是整个民族的、人的现代化,必须将国家利益与人民利益紧密结合起来,推动全民族的共同富裕。

另一方面,中国积极树立大国形象,承担大国责任。在发展生产力的同时,还推动绿色发展、低碳经济和生态文明建设,以实现经济发展与环境保护的良性循环。同时,中国积极参与全球事务,推动构建人类命运共同体,倡导和平、发展以及公平、正义、民主、自由的全人类共同价值,积极投身全球治理体系的改革和建设。

总而言之,西方倡导的"普世价值"是虚伪的,是意识形态霸权的体现。因此,我们要擦亮眼睛反对并批判"普世价值",要牢固树立"四个意识"、坚定"四个自信",做到"两个维护",在实践中大力弘扬中国式现代化蕴含的价值观。

后　　记

在撰写《现代社会人生价值理论发展历程研究》这部书的过程中，我深刻体会到了人生价值理论在人类文明进步中的核心地位及其复杂多变的演进历程。通过系统梳理从传统农业社会到现代社会，特别是全球化、信息化背景下人生价值理论的演变，我不仅加深了对这一领域的理解，也对现代人在价值追求上的迷茫与探索有了更为深刻的认识。

在现代社会，随着科技的迅猛发展和全球化的加速推进，人们的生活方式、价值观念发生了深刻变化。然而，在物质极大丰富的背后，人们却面临着精神世界的空虚与迷茫，对人生价值的追求显得尤为迫切。如何在这一背景下，引导人们树立正确的价值观，实现个人价值与社会价值的和谐统一，成为一个亟待解决的问题。正是基于这样的背景，我选择了"现代社会人生价值理论发展历程"作为我的研究课题，希望通过深入挖掘人生价值理论的演变规律，为现代人提供有益的借鉴和启示。

在撰写过程中，我广泛搜集了国内外关于人生价值理论的文献资料，从古希腊哲学到现代存在主义，从中国传统儒家思想到马克思主义人生价值理论，力求全面、系统地呈现人生价值理论的发展历程。通过比较分析不同文化背景下人生价值理论的异同，我深刻感受到了人类文明的多样性和共通性。同时，我也意识到，虽然不同文化背景下的人生价值理论各有千秋，但它们都强调对真善美的追求和对人生意义的探索。在撰写过程中，我遇到了不少困难和挑战。例如，如何准确理解和阐述不同文化背景下人生价值理论的内涵和特点，如何将这些理论与现代社会实际相结合，提出具有针对性的建议等。为了解决这些问题，我不断查阅相关资料，与专家学者进行交流讨论，力求使书稿内容更加准确、深入和具有现实意义。通过这一过程，我不仅加深了对人生价值理论的理解，也提高了自己的研究能力和写作水平。更重要的是，我深刻体会到了学术研究的重要性和艰辛,也更加坚定了自己从事学术研究的决心和信心。

　　本书系统梳理了现代社会人生价值理论的发展历程,为学术界提供了一定的理论资源和研究视角。通过比较分析不同文化背景下人生价值理论的异同,有助于推动人生价值理论的深入研究和创新发展。此外,本书紧密结合现代社会实际,提出了针对现代人价值追求迷茫和困惑的解决方案。通过引导人们树立正确的价值观,实现个人价值与社会价值的和谐统一,有助于促进社会的和谐稳定和可持续发展。本书对于加强青少年的价值观教育也具有重要意义,通过向青少年传授正确的人生价值理论,有助于引导他们树立正确的世界观、人生观和价值观,培养他们的社会责任感和使命感。

　　尽管我在撰写过程中付出了巨大的努力,但我也清醒地认识到,这部书仍存在许多不足之处。例如,由于篇幅所限,我无法对所有相关理论进行详尽阐述;由于个人能力和水平所限,我对某些问题的理解和阐述上可能存在偏差等。因此,我希望未来能够继续深入研究这一领域,不断完善和丰富自己的研究成果。同时,我也期待更多的专家学者能够关注这一领域的研究,共同推动人生价值理论的深入发展和创新。我相信,在大家的共同努力下,我们一定能够探索出更加符合时代要求的人生价值理论,为人类的文明进步和持续发展做出更大的贡献。

　　总之,《现代社会人生价值理论发展历程研究》这部书是我对人生价值理论的一次深入探索和尝试。虽然其中存在许多不足之处,但我相信它能够为学术界和实践界提供有益的借鉴和启示。我也将继续努力学习和研究,为这一领域的发展贡献自己的力量。

参考书目

专著：

[1]马克思,恩格斯.马克思恩格斯选集(第1卷)[M].北京:人民出版社,2012.

[2]马克思,恩格斯.马克思恩格斯选集(第3卷)[M].北京:人民出版社,2012.

[3]马克思,恩格斯.马克思恩格斯选集(第4卷)[M].北京:人民出版社,2012.

[4]马克思,恩格斯.马克思恩格斯全集(第2卷)[M].北京:人民出版社,1959.

[5]马克思,恩格斯.马克思恩格斯全集(第3卷)[M].北京:人民出版社,1960.

[6]马克思,恩格斯.马克思恩格斯全集(第19卷)[M].北京:人民出版社,2006.

[7]马克思,恩格斯.马克思恩格斯全集(第40卷)[M].北京:人民出版社,1982.

[8]马克思,恩格斯.马克思恩格斯全集(第42卷)[M].北京:人民出版社,1979.

[9]马克思,恩格斯.马克思恩格斯全集(第46卷)[M].北京:人民出版社,1979.

[10]马克思.1844年经济学哲学手稿[M].刘丕坤译.北京:人民出版社,1985.

[11]马克思,恩格斯.共产党宣言[M].北京:人民出版社,2009.

[12]马克思,恩格斯.德意志意识形态(节选本)[M].北京:人民出版社,2003.

[13]马克思.资本论(第1卷)[M].北京:人民出版社,2004.

[14]列宁全集(第2卷)[M].北京:人民出版社,1984.

[15]列宁全集(第12卷)[M].北京:人民出版社,1987.

[16]列宁全集(第28卷)[M].北京:人民出版社,1956.

[17]论语[M].呼和浩特:内蒙古人民出版社,2002.

[18]墨子闲诂[M].北京:中华书局,1986.

[19]毛泽东选集(第1卷)[M].北京:人民出版社,1991.

[20]毛泽东选集(第4卷)[M].北京:人民出版社,1993.

[21]习近平.习近平谈治国理政(第1卷)[M].北京:外文出版社,2018.

[22]习近平.高举中国特色社会主义伟大旗帜 为全面建设社会主义现代化国家而团结奋斗——在中国共产党第二十次全国代表大会上的报告[M].北京:人民出版社,2022.

[23]毛泽东邓小平江泽民论世界观人生观价值观[M].北京:人民出版社,1997.

[24][匈]卢卡奇.理性的毁灭[M].济南:山东人民出版社,1997.

[25][美]弗兰克·梯利.伦理学导论[M].何意译.桂林:广西师范大学出版社,2002.

[26][美]约翰·罗尔斯.正义论[M].何怀宏译.北京:中国社会科学出版社,1998.

[27][美]R 尼布尔.人的本性与命运[M].成穷,王作虹译.贵州:贵州人民出版社,2006.

[28][美]马泰·卡林内斯库.现代性的五副面孔[M].顾爱彬,李瑞华译.北京:商务印书馆,2002.

[29][美]丹尼尔·贝尔.资本主义文化矛盾[M].赵一凡,蒲隆,任晓晋译.北京:生活·读书·新知三联书店,1989.

[30][美]拉塞克.从现在到2000年教育内容发展的全球展望[M].马胜利等译.北京:教育科学出版社,1996.

[31][美]艾温·辛格.人们的迷惘[M].郜元宝译.桂林:广西师范大学出版

社,2001.

[32][英]罗素.西方哲学史(上)[M].何兆武译.北京:商务印书馆,1981.

[33][英]怀特海.过程与实在[M].北京:中国城市出版社,2003.

[34][英]安东尼·吉登斯.现代性的后果[M].田禾译.译林出版社,2000.

[35][英]H.P.里克曼著.狄尔泰[M].北京:中国社会科学出版社,1992.

[36][德]斐迪南 滕尼斯.共同体与社会[M].林荣远译.北京:商务印书馆,1999.

[37][德]叔本华.叔本华人生哲学[M].李成铭等译.北京:九州出版社,2003.

[38][德]叔本华.作为意志和表象的世界[M].石冲白译.北京:商务印书馆,2009.

[39][德]叔本华.叔本华论说文集[M].北京:商务印书馆,2009.

[40][德]叔本华.叔本华论人生[M].北京:中央编译出版社,2012.

[41][德]叔本华.人生的智慧[M].韦启昌译.北京:中央编译出版社,2011.

[42][德]叔本华.叔本华论道德与自由[M].韦启昌译.上海:上海人民出版社,2011.

[43][德]叔本华.探寻人生痛苦之源[M].杨捃译.北京:北京出版社,2010.

[44][德]叔本华.人生为何不同[M].梁亦之译.北京:新世界出版社,2012.

[45][德]叔本华.叔本华美学随笔[M].韦启昌译.上海:上海人民出版社,2008.

[46][德]叔本华.叔本华思想随笔[M].韦启昌译.上海:上海人民出版社,2008.

[47][德]尼采.权力意志——重估一切价值的尝试[M].张念东,凌素心译.北京:商务印书馆,1991.

[48][德]尼采.悲剧的诞生——尼采美学文选[M].周国平译.北京:三联书店,1986.

[49][德]尼采.论道德的谱系[M].周红译.北京:三联书店,1992.

[50][德]尼采.偶像的黄昏[M].周国平译.北京:光明日报出版社,2001.

[51][德]尼采.看哪这人——尼采自述[M].张念东,凌素心译.北京:中央编译出版社,2005.

[52][德]尼采.教育家之叔本华[M].杨柏苹译.重庆:商务印书馆,1945.

[53][德]尼采.善恶之彼岸——未来的一个哲学序曲[M].程志民译.北京:华夏出版社,2000.

[54][德]尼采.快乐的知识[M].黄明嘉译.北京:中央编译出版社,1999.

[55][德]卡西尔.人论[M].甘阳译.上海:上海译文出版社,2004.

[56][德]齐美尔.生命直观[M].刁承俊译.北京:三联书店,2003.

[57][德]齐美尔.货币哲学[M].陈戎女,耿开君,文聘元译.北京:华夏出版社,2002.

[58][德]齐美尔.历史哲学问题—认识论随笔[M].陈志夏译.上海:上海译文出版社,2006.

[59][德]齐美尔.哲学的主要问题[M].钱敏汝译.上海:上海译文出版社,2006.

[60][德]齐美尔.时尚的哲学[M].费勇等译.北京:文化艺术出版社,2001.

[61][德]齐美尔.现代人与宗教[M].曹卫东等译.香港:汉语基督教文化研究所,1997.

[62][德]齐美尔.桥与门—齐美尔随笔集[M].周涯鸿等译.上海:三联书店,1991.

[63][德]费迪南·费尔曼.生命哲学[M].李建鸣译.北京:华夏出版社,2000.

[64][德]海德格尔.存在与时间[M].陈嘉映,王庆节译.北京:三联书店,2006.

[65][德]海德格尔.海德格尔选集[M].孙周兴译.上海:上海三联书店,1996.

[66][德]海德格尔.林中路[M].孙周兴译.上海:上海译文出版社,2008.

[67][德]海德格尔.路标[M].孙周兴译.北京:商务印书馆,2000.

[68][德]海德格尔.形而上学导论[M].熊伟,王庆节译.北京:商务印书馆,1996.

[69][德]伽达默尔.什么是真理?[M].洪汉鼎译.北京:商务印书馆,2007.

[70][德]伽达默尔.诠释学Ⅰ、Ⅱ:真理与方法(修订译本).[M].洪汉鼎译,北京:商务印书馆,2007.

[71][德]伽达默尔.伽达默尔集[M].邓安庆等译.上海:上海远东出版社,2003.

[72][德]伽达默尔.哲学解释学[M].夏振平,宋建平译.上海:上海译文出版社.1994.

[73][德]狄尔泰.历史中的意义[M].艾彦,逸飞译.北京:中国城市出版社,2001.

[74][德]舍勒.爱的秩序[M].刘小枫选编,林克等译.北京:北京三联书店,1995.

[75][法]伏尔泰.哲学通信[M].高达观等译.上海:上海人民出版社,2005.

[76][法]卢梭.论人类不平等的起源和基础[M].北京:商务印书馆,1979.

[77][法]亨利·柏格森.时间与自由意志[M].吴士栋译.北京:商务印书馆,1958.

[78][法]柏格森.创造进化论[M].王珍丽等译.长沙:湖南人民出版社,1989.

[79][法]萨特.存在主义是一种人道主义[M].周煦良,汤永宽译.上海:上海译文出版社,1988.

[80][法]萨特.存在与虚无[M].陈宣良等译,北京:生活·读书·新知三联书店,1987.

[81][法]萨特.存在主义给自由带上镣铐[M].何林译.沈阳:辽海出版社,1999.

[82][加]查尔斯·泰勒.现代社会想象[M].林曼红译.南京:译林出版社,2004.

[83][加]查尔斯·泰勒.自我的根源[M].韩震等译.南京:译林出版社,2001.

[84][瑞士]汉斯·昆.世界伦理构想[M].周艺译.北京:生活·读书·新知三联书店,2002.

[85][荷兰]斯宾诺莎.伦理学[M].贺麟译.北京:商务印书馆,1958.

[86]现代汉语词典[M].中国社会科学院语言研究所词典编辑室编.北京:商务印书馆,1996.

[87]辞海[M].上海:上海辞书出版社,1980.

[88]哲学大辞典[M].上海:上海辞书出版社,2007.

[89]张岱年.中国哲学大纲[M].北京:中国社会科学出版社,1982.

[90]冯友兰.中国哲学简史[M].北京:北京大学出版社,1996.

[91]冯友兰.三松堂全集(第4卷)[M].郑州:河南人民出版社,1989.

[92]全增嘏.西方哲学史[M].上海:上海人民出版社,1983.

[93]李秀林,李淮春,陈宴清,郭湛.中国现代化之哲学探讨[M].北京:人民出版社,1990.

[94]吕元礼.亚洲价值观:新加坡政治的诠释[M].江西:江西人民出版社,2002.

[95]杨伯峻.孟子译注[M].北京:中华书局,1960.

[96]郭庆藩.庄子集释[M].北京:中华书局,1961.

[97]苗力田.古希腊哲学[M].北京:中国人民大学出版社,1989.

[98]吴光远.听大师讲哲学[M].中国民航出版社,2003.

[99]高清海.马克思主义哲学基础(下册)[M].北京:人民出版社,1987.

[100]刘放桐等.现代西方哲学(上)[M].北京:人民出版社,1990.

[101]李德顺.价值论[M].北京:中国人民大学出版社,2007.

[102]李德顺.新价值论[M].昆明:云南人民出版社,2004.

[103]李连科.价值哲学引论[M].北京:商务印书馆,1999.

[104]袁贵仁.价值观的理论与实践——价值观若干问题思考[M].北京:北京师范大学出版社,2006.

[105]韩庆祥.人学[M].昆明:云南人民出版社,2002.

[106]张世英.哲学导论[M].北京:北京大学出版社,2002.

[107]郑晓江,程林辉.中国人生精神[M].南宁:广西人民出版社,1998.

[108]张瑞甫.社会最优化原理[M].北京:中国社会科学出版社,2000.

[109]章海山.西方伦理思想史[M].沈阳:辽宁人民出版社,1984.

[110]程宜山.人生的自觉与自由[M].长沙:湖南教育出版社,1991.

[111]王宗明.本性—人对自身的再认识[M].北京:中国社会出版社,1999.

[112]张孝宜,李平,钟明华等.人生观通论[M].北京:高等教育出版社,2001.

[113]陈嘉映.海德格尔哲学概论[M].北京:三联书店,1995.

[114]张东荪.道德哲学[M].上海:上海世界书局,1934.

[115]刘进田.文化哲学导论[M].北京:法律出版社,1999.

[116]孙正聿.哲学观研究[M].长春:吉林人民出版社,2007.

[117]江畅.理论伦理学[M].武汉:湖北人民出版社,2000.

[118]刘建军.马克思主义信仰论[M].北京:中国人民大学出版社,1998.

[119]杜齐才.价值与价值观念[M].广州:广东人民出版社,1987.

[120]许崇温.存在主义哲学[M].北京:中国社会科学出版社,1986.

[121]李超杰.理解生命——狄尔泰哲学引论[M].北京:中央编译出版社,1994.

[122]荆学民.社会转型与信仰重建[M].太原:山西教育出版社,1999.

[123]王邦雄.当代新儒学[M].北京:三联书店,1989.

[124]洪汉鼎.理解的真理:解读伽达默尔真理与方法[M].济南:山东人民出版社,2001.

[125]洪汉鼎.诠释学:它的历史和当代发展[M].北京:人民出版社,2001.

[126]陆扬.死亡美学[M].北京:北京大学出版社,2006.

[127]刘小枫.舍勒选集(二十世纪思想家文库)[M].上海:上海三联书店,1999.

[128]王艳华.意义的追寻:西方哲学家对人生意义的追问与反思[M].长春:吉林大学出版社,2016.

[129]李秀林,李淮春,陈宴清,郭湛.中国现代化之哲学探讨[M].北京:人民出版社,1990.

[130]马润清,陈仲华.人的价值初探[M].北京:北京师范大学出版社,1986.

[131]赵继伦.精神文明的时代审视[M].北京:人民出版社,2004.

[132]龚群.现代伦理学[M].北京:人民出版社,2009.

[133]全增嘏.西方哲学史[M].上海:上海人民出版社,2000.

期刊:

[1]张曙光.论现代价值与价值观的问题[J].马克思主义与现实,2011(1).

[2]张曙光.生命及其意义——人的自我寻找与发现[J].学习与探索,1999(5).

[3]张曙光.生命哲学——哲学人学的基石和核心[J].长春市委党校学报,2000(6).

[4]欧阳康.生命教育应当直面生存困惑[J].广东社会科学,2011(1).

[5]甘绍平.以人为本的生命价值理念[J].中国人民大学学报,2005(3).

[6]路日亮.试论人的生命价值[J].洛阳师范学院学报,2008(6).

[7]崔新建.略论人的生命价值[J].人文杂志,1996(3).

[8]唐英.价值、生命价值和生命价值观:概念辨析[J].求索,2010(7).

[9]朱奎保.关于"人的价值"几个理论问题[J].苏州大学学报(哲学社会科学版),1984(3).

[10]李德顺,龙旭.关于价值和"人的价值"[J].中国社会科学,1994(5):120.

[11]索洛杜伊.价值和评价[J].哲学译丛,1987(1):60.

[12]王国银,牟永生.张东荪与中国价值哲学[J].人文杂志,1997(5).

[13]陶富源.关于价值、人的价值的几个问题[J].安徽大学学报(哲学社会科学版),2003(6).

[14]江畅.论价值的基础、内涵和结构[J].江汉论坛,2000(7):53.

[15]俞吾金.价值四论[J].哲学分析,2010(2):2.

[16]郭沂.生命的价值及其实现——孔、庄哲学贯通处[J].孔子研究,1994(4):65-74.

[17]单连春.至善至美与至真至善:先秦与古希腊人生境界之比较[J].贵州社会科学,2005(5).

[18]罗卫平.论方东美的生存哲学[J].湘潭工学院学报,2002(1).

[19]梁玉敏.论儒道释生命观及其现代价值[J].求索,2013(9):108-110.

[20]方立天.儒佛人生价值观之比较[J].中国社会科学,1990(1):113-124.

[21]方立天.儒道佛人生价值观及其现代意义[J].中国哲学史,1996(1-2):15-24.

[22]李太平.论信仰教育[J].教育评论,2001(1).

[23]李德顺.人生与信仰[J].湖湘论坛,2001(1).